小胖老師曾柏程的
家用烤箱
手感麵包

學員齊聲喊讚，一致推薦小胖老師！

賴祝慧／金門人／貝果烘焙老闆 ────────────

1. 會關注小胖老師是因為老師之前出版的書籍，翻開目錄……笑死人了！產品取這種名字什麼「蝦到爆」「墨名起妙」「吃青梅桂花」所以在臉書上加入老師粉絲團。

2. 後來發現小胖老師要開店了！蝦米！在三重……我乾媽家隔兩條巷子，太好了！有機會可以拜訪我的偶像，耶！剛好有事從金門回台北，回乾媽家順道拜訪老師，齁……香噴噴的麵包剛好出爐，一下買了三百多元立馬消滅完畢！超級無敵好吃

3. 最近「窩」在家，看小胖老師付費直播也能做出「高手級」的麵包，我住金門沒有時常回台灣充電，感謝小胖老師開了這方便之門，當然要再提升自己或是做給家人吃也好！就是再增添一本小胖老師的新書，期待呦！

陳育菁／台北人／急診專科護理師 ────────────

忘記在哪一年，有次上到老師的課程，從此之後就變成老師的小粉絲，覺得老師很風趣之外，上課的內容也很豐富，總是在課堂上想要盡力的教給我們更多的知識跟技巧，讓烘焙資淺的我們，都能夠在他每次教學當中學習更多，回家之後就變成功力大增。真的很感謝老師對於烘焙的熱情，讓身為學生的我們也可以延續這份火焰。

葉書涵／台北人／家庭主婦 ────────────

我是一個小手作的大嬸，沒有烘焙基礎的背景，只有對麵粉的熱愛，認識小胖老師，是在臉書直播課中教貝果，老師用簡單、不厭其煩的直播教學，諄諄叮嚀，對於小細節的交代更是細心執導，讓我對烘焙更具信心，對烘焙更有健康的概念，除了感恩，也希望在小胖老師的指導下，繼續這幸福的烘焙路。

張筱萍 / 台北人 / 家庭主婦 ─────────

　　認識小胖老師，是在一次的直播課中，從直播課中，認識了做貝果的好方法，從此我和朋友就愛上作法簡單又健康的貝果，除了感恩也希望能繼續與小胖老師走這幸福的烘焙路。

　　跟著小胖老師的步驟，生手變熟手，熟手變高手，在家都能做出好麵包。

郭佳瑜 / 台南人 / 家庭主婦 ─────────

　　某次滑手機發現小胖老師的社團，就這樣一頭栽進去了。小胖老師幽默風趣和有問必答的教學，對於菜鳥的我完全是一大福音，老師來到高雄上課，百聞不如一見，本人好親民，老師出書更是大家的必定收藏名單。

洪彗茹 / 澎湖人 / 家庭主婦 ─────────

　　老師將自己多年的麵包製作經驗與大家共饗，讓初學者能更了解麵包的製作訣竅。而麵包的製作除了科學化學的理性層面，還有藝術美感的層面。所以原料的配方的選擇，製程方式，發酵技術，烤焙火候等等，老師都在課程上用心教導解說。

　　另整型包裝老師也都在細細傳授著。使得一個普通的麵包配方也能如同灰姑娘搖身成為公主。感恩老師。

用最真誠、不藏私的心情，
教導大家我最愛的烘焙事業

大家好，我是王勇程，從國中開始就不愛念書，畢業後什麼都不會，就被媽媽帶去附近的麵包店當學徒。當學徒當然很苦，就像個雜工，還要每天偷學師傅的一舉一動，從打麵糰、烤爐計時、溫度掌控，每一款麵包的特色和外形統統都要記住，不知不覺中都牢記在腦袋裡，就連小時候數學考最差的我，現在算起配方的速度也是很得心應手。

教學 20 多年來，也出過 3 本著作，但我發現大家仍然對做麵包帶著很多疑問，尤其各家的作法都略有不同，每次來上課的同學總有五花八門的問題，因此，我特別整理出這麼多年來，**從基礎的事前準備、麵糰製作、發酵、入爐**等一次說清楚。其中，**我認為做麵包不失敗的關鍵在「穩定麵糰」＝「穩定品質」**，所以**全書以家用烤箱、桌上型攪拌機實際操作**，仔細地講解每一個步驟，從用什麼樣式的攪拌工具、用哪一種速度攪拌時間等，**就算家裡沒有高端設備，也有方法做出 如麵包店一般的鬆軟美味。**

看我眼中對麵糰滿滿的愛意，就是知道我對烘焙熱忱。

每次開課都吸引很多婆婆媽媽到場支持。

在我過去出版的著作中，軟歐包、歐包、出現頻率較高，但我發現實際上課時，大家對於台式麵包最有情懷，每次開課只要打出「菠蘿麵包」、「肉鬆麵包」就會堂堂爆滿，屢試不爽！因此，這次特別和出版社研擬，以台式麵包為主軸出版新書《〔實境圖解〕小胖老師王勇程的家用烤箱手感麵包》，加上我近來創新的配方吐司以及現在流行的小西點麵包等 50 款麵包，大家可以針對自己的口味選擇製作，只要照著書中的每個步驟執行，一定都能成功。

　　因為對麵包、烘焙的熱愛，我堅毅著學習每一種新的技法、鑽研不同的配方，就是想將自己的能力更強大，帶給同樣喜歡烘焙的每一個學員更新、更簡單的方法，希望未來烘焙之路，都有大家相陪。

小胖老師親自示範，帶著學員一起製作麵包。

看著大家都很認真學習做麵包，我就很有成就感。

學員推薦 學員齊聲喊讚，一致推薦小胖老師／002

作者序 用最真誠、不藏私的心情，教導大家我最愛的烘焙事業！／008

CONTENT

PART1
做麵包不失敗的私藏筆記

① 做麵包不失敗的 10 件事！／012

仔細閱讀食譜

事先細心備料

必須精準衡量

放入酵母時機

注意麵糰溫濕度

隨時觀察麵糰

準備烘焙工具

烤箱提前預熱

避免過度操作

定時查看烤爐

② 在家做麵包的入門筆記！／016

6 種做麵包的基本材料

13 項做麵包的基本工具

③ 在家做出「穩定麵糰」的 Step by Step ／022

隔夜中種作法

甜麵糰作法

滾圓 & 整形

④ 成功做出完美麵包的 5 大技巧／028

技巧 1── 麵包發酵三階段

技巧 2──攪打麵糰的速度

技巧 3──分割滾圓的技術

技巧 4──烘焙調味的建議

技巧 5──烘烤麵包的判斷

PART2
愛不釋手甜麵包

閃電菠蘿／035

窯烤地瓜／038

芋香珍珠／042

蜜紅豆乳酪／045

墨西哥奶酥／048

方塊藍莓／052

椰香草莓／055

卡士達牛奶／058

日式湯種餐包（紅豆、芋頭、卡士達、乳酪）／062

PART3
經典台式鹹麵包

香蔥肉鬆麵包／070

起士熱狗／074

雙倍起士條／077

酥皮雞肉卷／081

洋蔥鮪魚沙拉船／084

日式手卷／088

鮮蔬總匯比薩／092

可樂餅小漢堡／094

PART4

人氣 NO.1 百變吐司

鮮奶脆皮吐司／100

拔絲吐司／104

紅豆吐司／108

雙倍熔岩起司吐司／111

巧克力吐司／116

藍莓吐司／120

變化款 藍莓巨蛋歐包／124

全麥黑糖吐司／126

變化款 全麥核桃歐包／132

雜糧八寶吐司／134

變化款 花圈雜糧歐包／138

醇香桂圓吐司／140

變化款 阿比桂圓歐包／144

茶香荔枝吐司／146

變化款 抹茶荔枝歐包／150

番茄波士頓吐司／152

變化款 番茄波士頓／156

變化款 番茄起司比薩／158

PART5

話題十足西點・麵包

髒髒包／162

黑旋風夾心麵包／166

牛奶歐克／170

炎燒佛卡夏／176

香濃牛奶棒／180

金黃羅宋／184

黃金牛角／188

美式佩斯餅乾／192

五星級香蕉蛋糕／196

附錄 麵包烘焙 Q&A 小胖老師實境為你解答／198

PART1

不失敗的麵包筆記

- 做麵包不失敗的 10 件事！
- 新手做麵包的入門筆記
- 在家做出「穩定麵糰」的 Step by Step
- 成功做出完美麵包的 5 大技巧

做麵包不失敗的 <u>10 件事</u>！

　　我常遇到學生第一次在課堂學做麵包，每次都有千奇百怪的問題，從基本的麵粉、酵母，到製作過程等，可見大家對於做麵包仍是存有很多疑問，現在就從麵包師傅的角度、自家烘培的運用出發。首先，大家要先知道做麵包不失敗的 10 件重要事情，接下來就很容易上手囉！

1. 仔細閱讀食譜

　　每一個做麵包的初學者，都是先參考書籍或食譜而來的，因此一定要先仔細閱讀了解每個食譜的步驟，當中也會透露出許多麵包師傅的小撇步。

　　而且大家不可能把所有食譜配方都記下來，就算是我也要看著配方紀錄，才能準確的操作每個步驟。因此，我建議大家看到喜歡的配方，也要了解當中的操作過程，才能更順手，不會再手忙腳亂。

2. 事先細心備料

　　做麵包要準備的基本材料其實都差不多，主要差別在於一開始所使用的麵糰類型、液種及添加物。特別是液種，我強調在前一天先做好放於冰箱冷藏，這種以「低溫製作」可以確保液種在低溫進行長時間的發酵，且是屬於「麵糊狀態且有孔洞」而非「麵糰」，可以讓麵糰在高水量的環境中進行「水合作用」，加入主麵糰中，可使麵糰更加柔軟，也更穩定操作。

　　「低溫液種」的三大好處：

- ●1 麵粉和水在長時間的低溫浸泡和發酵過程中已充分獲得活性，可以減少主麵糰的發酵時間。

- ●2 不須長時間照顧液種，只要做好放入冰箱，基本上隔夜（要超過 12 個小時）就可以用了。

- ●3 方法簡單，只需要將水、酵母和麵粉拌攪均勻，基本上就是液種；除此之外，也可以加入其他添加物一起攪拌，讓麵糰味道更出色。

3. 必須精準衡量

　　做麵包和做蛋糕餅乾一樣，材料比例絕不馬虎，尤其是水分和麵粉的比例拿捏是絕對的關鍵，不論是放少、放多都會影響麵糰成形。

　　而糖、鹽巴拿捏也很重要，糖放太多會使麵包口感會變柔軟，若是在法國麵包加入糖，就不會有酥脆的口感。而加太多鹽抑制酵母發酵，而導致發酵失敗。

　　因此，建議大家入門時避免挫敗感太大，一定要照著食譜比例做麵包，且一定要必備電子秤和量杯，皆以公制衡量單位為標準。精準衡量是做麵包不失敗的入門第一課。

4. 放入酵母時機

酵母發酵成功與否，是影響麵糰口感的關鍵之一，很多人認為酵母發酵失敗的原因跟溫度、濕度有關。其實和製作過程中放入酵母的時機也有很大的關聯，一開始我都會建議大家，先將乾酵母放進高筋麵粉中拌勻後，再倒入機器中攪拌，避免酵母直接碰到高鹽、高糖或著冰塊而降低發酵力。

此外，如果你是使用「燙麵法」也就是「湯種」，不可以在燙麵的過程就加入酵母，這樣溫度太高，酵母會被殺死。建議先將麵粉和滾水做成燙麵後，冷卻後再加入主麵糰攪拌即可。

5. 注意麵糰溫、濕度

麵糰溫度關係著做麵包成功與否，所以隨時觀察麵糰的溫度是必要的。許多學員做麵包會失敗，大多跟溫度有關。這當中要留意是麵糰在攪打的過程中，因為摩擦會生熱，因此麵糰溫度會提高，我會用冰塊代替一部分的水來攪拌，讓攪拌時，麵溫不要太快升高，以免筋度斷掉。

此外，室內溫度、濕度也要控制，一般來說製作麵包會經過發酵三階段，從攪拌麵糰、基本發酵、中間發酵到最後發酵，所需要溫度與濕度也有些許差異而產生不同的影響。

每個階段的麵糰溫、濕度建議：

- 1 攪拌好的麵糰：建議溫度 25℃～ 27℃

- 2 基本發酵（第一次發酵）：建議溫度 25℃～ 27℃；濕度約 70%

- 3 中間發酵（第二次發酵）：建議溫度 25℃ ~27℃；濕度約 70%

- 4 最後發酵（第三次發酵）：建議溫度 25℃～ 27℃；濕度約 70%

* 溫度最低不宜低於 23℃，最高不宜超過 27℃，否則會影響酵母發酵。

6. 隨時觀察麵糰

做麵包的重頭戲就是麵糰，在這整個過程就是要把它顧好顧滿，不論是先前提到的溫度、濕度和投入食材順序都有一定的規則。尤其，在攪打過程中，在放入食材的順序，都要先觀察麵糰現在的情況。

比方說，在乾性材料都拌勻後，才可倒入水；水分都吸收進麵糰，鍋邊不沾黏的狀況下，再投入軟化的無鹽奶油，攪拌至鍋邊沒有沾油，且麵糰要攪拌至十分筋度完全擴展後，才可以放

入果乾類的東西進去用低速攪拌均勻。

而判斷麵糰有沒有打到完全擴展，則可以試將麵糰用手撐開，可以拉出薄膜且不易破裂，就算有破裂，缺口邊緣也是平整沒有不規則鋸齒狀。如此，即可進行第一次發酵。

7. 準備烘焙工具

烘焙工具是所有做麵包的新手遇到的第一道關卡，常會有人說「我家有麵包機，應該就沒問題了吧！」或是「老師有推薦的工具嗎？」等。我常說要做出好吃的麵包，最基本的家用攪拌機和上下火型烤箱是必備的，其他器具用自己家中的鍋碗瓢盆都可以替代。

為什麼家裡要具備攪拌機而不是麵包機呢？麵包機的攪拌棒是在底部，無法全面性均勻地攪拌，而力道跟扭力也不夠大，打起來的麵糰筋度可能會有落差。

而家用攪拌機有三種攪拌棒，分別為勾狀，可適用於甩打麵糰，讓麵糰更容易出筋，縮短大家揉麵糰的時間；槳狀，用於攪拌餡料、攪拌中種麵糰；球狀，則是可以攪拌液體材料、打發蛋或麵糊，適合做蛋糕使用。

烤架，烤盤品質良好，烤後不會變形。說明書要完整，包括清潔和安全的注意事項。

而每台烤箱的效果都不同，完全遵照食譜也不能保證不出問題，一定要真正了解溫度和時間設定的原則，學會自行判斷，而且每次實驗後都做記錄並據以改進，才能逐漸掌握自己的烤箱，達到「烤焙零失敗」的境界。

家用攪拌機用途廣，可以做麵包也能做蛋糕點心。

8. 烤箱提前預熱

烤焙的基本 4 大要領：●1 烤箱要預熱
　　　　　　　　　　●2 選擇正確的溫度和時間
　　　　　　　　　　●3 選擇正確的上下火比例
　　　　　　　　　　●4 烤盤上的食物要大小一致、排列整齊均勻

我的建議是，麵糰開始整形的時候，就開啟烤箱預熱的動作。預熱時間多久每家廠牌的烤箱都不一樣，烤箱應該要直接到達需要的烘培溫度才是正確的，千萬不可以還沒到達入爐溫度就放麵包進去烤，這樣麵包會有烤不熟等疑慮。

建議初學者除了依照食譜的指示設定烤箱外，但其實每台烤箱的效果都不同，完全遵照食譜也不能保證不出問題，一定要真正了解自家烤箱的溫度和時間設定，學會自行判斷，而且每次實驗後都做記錄並據以改進，才能逐漸掌握自己的烤箱，達到「烤焙不失敗」的境界。

選擇上下火的烤箱，較能控制溫度，食物在烤箱裡烘烤，需要來自上方和下方的火力。原則上，烤越厚的東西麵糰溫度要比較低；烤越薄的麵糰溫度要比較高。但如果家裡的烤箱只有一個溫度設定鈕，就把它設定成上下火的平均溫度，並調整烤盤位子。例如食譜上寫「上火 160℃，下火 200℃」，就把自己的烤箱設定在 180℃，烤盤放在最下層，但仍要時常關注烤爐中麵包的狀態才行。

9. 避免過度操作

　　製作麵包時很忌諱過度操作，比方說過度攪拌，雖然也會產生薄膜，只是拉出來的薄膜會有很大的破洞，而且麵糰會出水、黏手、扁塌，這樣被稱為「斷筋」，從麵糰外觀上可以很明顯的看出來，麵糰會變得不易成糰，且像口香糖一樣濕黏，這就是攪拌太久。

　　再來，有的人想縮短麵包製作時間，會故意把酵母量多放一點，讓麵糰能在短時間快速發酵，但其實過度發酵的麵糰，烘烤出來的麵包可能會回縮，口感也不好。嚴重影響口感及外觀，千萬別為了省時間而貪心放入過多酵母，反倒適得其反。

10. 定時查看烤爐

　　在烘焙麵包的時候，在進入烤爐的那一刻，就要使用定時器，並且隨時注意烤爐裡面的狀況。

　　通常我的習慣是在烤至一半時間，會去查看麵包外形、膨脹狀況、及上色程度，再決定是否烤盤掉頭烘烤。

　　絕對不要一直打開烤箱門查看，避免讓冷空氣進入烤箱，而影響烤箱內的恆溫。建議要指定烘焙時間超過一半，才能稍稍開一點縫隙偷看一下。

麵包一入爐就要開始使用定時器，隨時注意
麵包的受熱狀況。

① 高筋麵粉
② 水
③ 酵母
④ 鹽
⑤ 糖
⑥ 油

在家做麵包的入門筆記！

要開始做麵包，首先要準備做麵包的**基本材料**和**烘焙工具**，只要工具備妥，基本上就成功一半囉！但要注意的是，這些材料和工具在挑選和使用上，還有些技巧和細節要小心。現在，就跟著我的説明一起進入麵包世界！

6 種做麵包的基本材料

1. 高筋麵粉：製作麵糰的主結構

大家都知道做麵包要使用高筋麵粉（簡稱高粉）。麵粉根據其蛋白質所含量的不同，分為低筋麵粉、中筋麵粉和高筋麵粉。高筋麵粉的蛋白質和麵筋含量最高，蛋白質含量在 10% 以上。蛋白質高的麵粉，麵筋擴展良好、延展性較佳、彈性也很好。

而各家廠牌麵粉的吸水率也會有所差別，通常日系麵粉的粉質較細緻，吸水率較高，口感上會比較柔軟；而台製麵粉筋性較強韌，吸水率通常在 60% ～ 70% 之間，口感也比較有彈性，可依個人喜好來選購。

麵粉保存要盡量放在乾燥且低溫的地方，避免陽光照射，如果開封後短時間用不完，可以封緊袋口，放入冰箱冷藏保存。

麵粉挑選重點

挑選高筋麵粉時，有 3 個重點要注意：看、聞、摸，才不會挑到劣質的麵粉，以免貪小便宜而得不償失。

1. 看一看

購買麵粉時，要注意看包裝上的生產日期、原料，此外，正常的麵粉，其色澤應會呈現乳白或稍微偏黃，但如果麵粉的顏色是呈現純白色或灰白色，就可能是不肖廠商添加了「漂白劑（過氧化苯）」的麵粉，如果沒有添加，通常在包裝上都會特別標示。但是在購買散裝的麵粉時，因為麵粉袋上沒有標明，必須要特別詢問店員。

2. 聞一聞

打開麵粉時聞聞看，若有發現受潮的霉味，就表示麵粉已經過期，千萬不能使用。

或者購買回家後，可以先在製作前取用一點麵粉，加水攪拌後細聞它的味道，正常的麵粉會有淡淡的麥香味。

3. 摸一摸

高筋麵粉的觸感是細緻且光滑，在選購麵粉時，若是尚未包裝的麵粉，可以抓取一點點在指尖，如果麵粉會順利從指縫中流出且不沾附在手上，就表示這樣的麵粉品質是正常的。如果緊捏有塊狀，有可能是低筋麵粉或是已經受潮。

2. 水：構成麵包的骨架

麵粉要成糰，靠的就是水，麵粉中的蛋白質要吸飽水才能形成筋性，若是水太少會讓筋性無法擴展，若是太多則無法成糰，或是麵糰變得黏手不易整形。此外，先前提到的水溫也會影響發酵，一般建議使用冰塊水（冰塊代替一部分的水來攪拌），讓攪拌過程可以降溫。

| 小胖老師筆記 |

水質的挑選重點

製作麵包所使用的水，不需要特別過濾到完全無雜質，因為水中含有礦物質可以幫助酵母發酵，只需要家用的飲用水即可，常見的家用水主要 3 種：

1. RO 滲透純水

這種水質過於乾淨，反而不適合做麵包，因為水中含有微量礦物質本可以幫助酵母作用，但純水中都過濾掉了，反而不會輔助發酵。

2. 電解水

電解水是屬於鹼性水，但酵母喜歡在中性水（約 ph 值 5.5）的環境中，所以鹼性水反而會較低酵母活力，減弱麵筋的強度，因此並不適合。

3. 煮沸白開水

做麵包的水最推薦用白開水，若是家裡的水管較老舊，打開會有鐵鏽味，那麼就利用市售礦泉水取代。

3‧酵母：使麵糰膨脹的魔法

在製作麵包的過程中，酵母是不可或缺的材料之一，它的主要功能是幫助麵糰膨脹。透過酵母發酵過程中會產生二氧化碳變成氣泡，使麵糰膨脹有彈性。

而市面上酵母種類可以分為：乾酵母、濕酵母、天然酵母，不論是哪種形式的酵母，都是利用天然發酵培養，都是自然的菌種，無法人工合成。

| 小胖老師筆記 |

酵母的選用

有很多學生第一次上課都會問「要用哪種酵母比較好？」「酵母一定要自己做嗎？」其實現在市售的酵母都很方便使用，以下就常用的 4 種酵母作介紹：

1. 速發酵母（乾酵母）（active dry yeast）：

新鮮酵母經乾燥後呈休眠狀態，稱之為「乾酵母」。乾酵母的使用方法為直接與麵粉投入攪拌盆和濕性材料攪拌均勻即可。

因為速發乾酵母保存方便，使用也簡單，很適合新手入門。因此，本書是以一般速發乾酵母作示範。

2. 新鮮酵母（濕酵母）（Fresh yeast）：

新鮮酵母也稱為「濕性酵母」，可以直接放入攪拌鋼盆中與麵糰一起攪拌，但一開封就必須放在冷藏保存，而且一週內就要使用完畢。若使放在冷凍庫，大約可保存 2 個月，若要使用要取出後，回溫到軟化狀態即可使用。濕酵母特別適合用於軟式麵包。

＊值得注意的是，濕酵母的用量是乾酵母的 3 倍，亦即若配方裡的乾酵母用量 1g，便要改為濕酵母 3g，以此類推。

3. 天然酵母（wild yeast）：

用天然酵母製作出來的麵包，大多富含淡淡果香味，可以增加麵包的口感和風味。最常被使用作為天然酵母的原料是「葡萄乾」，因為成本較低、取得方便，且表皮的酵素比較多，製作出來的風味最香。

＊特別注意！在製作麵包的過程中，放入天然酵母主要是增加香氣，主麵糰中的酵母量還是要放入，膨脹效果才會好。

4 鹽：協助酵母作用

製作麵包時加入少許鹽，可以讓酵母發酵穩定，並且有提味、強化麵糰筋度，增加延展性的作用。但若麵糰裡有的鹽多於 2.2％以上，會逐漸降低酵母發酵力，因此最適宜的鹽巴比例添加量建議為 1～2％。

| 小胖老師筆記 |

鹽的選用

至於鹽的種類並沒有硬性規定，但是可以建議某些種類的鹽，適合用於哪種麵包：

1. 天然鹽（玫瑰鹽、岩鹽）：

天然鹽的礦物質較多，可以提供麵糰養分，增添麵包的口感，較適合運用在歐式麵包、法國麵包這類少油少糖的麵包上。

2. 一般精鹽：

因為一般精鹽的風味並不明顯，適合運用在製作甜麵糰、吐司上。

5 · 糖：增加風味、口感較佳

糖可以幫助酵母發酵，並有保濕的效果，適量的糖份也能幫助麵包上色漂亮。若是放過多糖分，則會影響酵母發酵，這就是為什麼一開始我說要「分量精準」的原因。

一般來說，都是使用白砂糖做麵包，有些歐包可以使用二砂糖（赤砂）製作，因為礦物質含量高，麵糰攪拌起來會比較香，反而效果會比黑糖來得好，黑糖經過發酵後會揮發，所以製成麵包後其實黑糖的香味，相對會減弱。

| 小胖老師筆記 |

糖的選用

而糖的種類也分為很多種，不論是液態糖或是顆粒狀的糖粉，或是國外進口的糖，例如上白糖、三溫糖等。都各有其特色，以下一一說明：

1. 液態的糖：

有時候會遇到同學問，「能不能用麥芽糖、果糖替代？」等較濕潤的糖類來製作麵包，事實上，這類型的糖比較容易讓麵粉吸收，麵包會比較濕潤、口感較佳。但不能全部取代糖份，否則會影響麵包的膨脹度。若要添加只能佔糖份比例的 30% 之內。

2. 一般顆粒糖：

做麵包最常使用的就是一般的白砂糖或二砂糖。冰糖價格偏貴且較難溶解，通常不建議使用。

6 · 油類：軟化麵糰、增加香氣

這些油類屬於「柔性材料」，能增加麵包的特殊風味，奶油種類很多。例如：酥油、橄欖油、無鹽奶油都很常見。但酥油屬於化學合成不健康，因此，製作時最常使用的是無鹽奶油。

無鹽奶油主要功能是增加香氣，促進麵糰的延展性與柔軟度，對發酵麵糰有潤滑作用。一般來說，我們都是使用「軟化奶油」也就是從冰箱拿出來後，要放在室溫下回溫，待奶油稍微柔軟，手指頭壓下去是軟軟的感覺即可。若是來不及退冰，建議可以切成小塊，就能很快軟化。

| 小胖老師筆記 |

油該如何使用

若要使用液態油脂，例如：橄欖油、葵花油等，建議和水一起混和後再拌入麵粉中，可以讓麵糰較好吸收。

13 項做麵包的基本工具

1. 家用桌上型攪拌機

雖然喜愛烘焙的人家中都具備有麵包機，或是有人喜歡用手揉麵包，但若想要製作出有一定水準和口感的麵包，我建議還是使用攪拌機會比較省時省力。桌上型攪拌機的馬力較足夠，能打出筋度較夠的麵糰，操作使用上也很簡單。本書的麵包也都是採用桌上型攪拌機製作，並標示要攪打的分鐘數及速率，提供大家參考。

2. 上下火型烤箱

大部分的烘焙點心都需要烤箱才能製成，若依我推薦，會建議挑選有上、下火功能的烤箱，因為每款麵包、點心所需要的火力不同，上下火型烤箱會比較好做調整。但每台烤箱的火力效果都不一樣，必須多使用幾次後才能得心應手。溫馨提醒，每台烤箱在使用上，火溫跟時間都需要參考食譜的設定後，再依自己家中的烤箱做調整。

3. 電子磅秤

電子磅秤比一般彈簧秤來得更精準且不佔空間。在製作過程中，磅秤是用來秤量材料的重要工具，是很重要的關鍵步驟，若是材料測量不準，那麼做出來的成品就很容易失敗。建議使用以 0.1 公克（g）為單位標示，好操作易判讀。

4. 攪拌盆

攪拌盆是烘焙必備的工具之一，市售的攪拌盆分為強化玻璃及不鏽鋼兩種，可依個人喜好選擇。但重要的是，攪拌盆有分各種尺寸，若是習慣做麵包的人，我會推薦買大一點、深度夠的攪拌盆，一方面攪拌的動作可以比較大一點，容易操作；另一方面也可以多用途使用。而一般最常使用的是鋼盆，因為可以直接放在爐上加溫。

5. 量杯

家裡具備容易辨識的刻度量杯，幫助我們在做麵包時，可以測量水分等液態材料。

6. 料理溫度計

先前我一再強調麵糰及發酵時的溫度，是影響麵包口感的關鍵，因此溫度計當然是必備的工具之一，大部分麵包師傅都會使用專業型的紅外線溫度計，測溫幅度高達 360 度，低溫可達負 50 度。但一般家用只需要使用料理型溫度計即可。

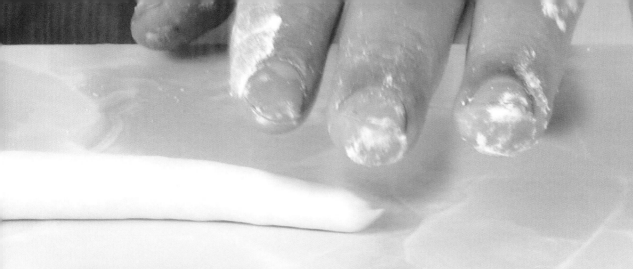

7. 打蛋器

打蛋器的功能是可以混合麵糊，或是自製美乃滋、卡士達醬等使用，也是家中烹調很必備的工具。

8. 擀麵棍

主要是把麵皮擀開，做麵包造形使用時事半功倍。但擀麵棍有各種長度和粗細大小，也有分有手握處和沒有的，可依個人習慣選擇。若是家中沒有，可以用灰色中空塑膠水管來代替，效果也很好。

9. 切麵刀

麵糰基礎發酵後，就要進行分割滾圓，分割時一定要用切麵刀，不能用手撕，形狀會比較完整好看。此外，若是在麵糰中放果乾、堅果等餡料時，可以用切麵刀「拌切」讓麵糰餡料更均勻。

10. 軟毛刷

軟毛刷的功能，可用於麵糰表面塗刷蛋汁、奶水等或其他塗料使用，可增添麵包的色澤。因為只需要薄薄一層，使用軟毛刷是最適合的；此外，有時也用來幫烤模或麵糰刷油，幫助大家在操作上更加順暢。

11. 透明塑膠袋

透明塑膠袋可以覆蓋在麵糰上面，防止麵糰表面乾燥，也可以把麵糰液種放入塑膠袋中。

12. 烤培模紙、吐司模

烤培模紙很適合做麵包新手，或是想做成特定形狀的麵包時使用。因為烤培模紙已經有特定的大小，在最後發酵階段，將整好的麵包放上去，將來發酵大小會被局限住，不至於過大，也很方便新手辨識麵包發酵的程度。而吐司模則是在製作吐司必備的工具，依大小約可分為 12 兩模、24 兩模、26 兩模這 3 種。

13. 鋸齒麵包刀

烘烤完成後，用來切麵包、吐司切片的工具，較不易塌陷。建議選擇舒適好握、好施力。

在家做出「穩定麵糰」的 Step by Step

　　本書示範較多甜麵糰製作的麵包款式，而這類含油、含糖量較高的麵糰，攪拌時間會比一般麵糰較久，因此很容易導致麵糰溫度過高。使用隔夜中種來製作是因為事先已經冷藏 12 小時，加入攪拌可以將低麵糰溫度，並且使麵糰品質穩定，同時能讓麵包口感較綿密。

隔夜中種作法

▶ 基礎材料

乾酵母 ……………………… 2g
常溫水 ……………………… 400g
高筋麵粉 …………………… 700g

▶ 詳細步驟

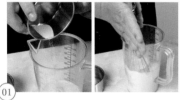  

(01) 先把乾酵母跟水溫約 30 度的水，放入容器中一起拌勻，讓酵母溶解。

(02) 將高筋麵粉加入鋼盆中。

(03) 此時，倒入溶解好的酵母於鋼盆之中，持續以慢速攪拌成約五分筋即可。（麵糰表面光滑）

(04) 準備一個乾淨塑膠袋，袋裡抹勻少許沙拉油，將打好的中種麵糰放入。

(05) 用手掌把麵糰均勻壓平，約厚度 4 公分的方形麵糰。

(06) 放置室溫約 20 分鐘，再直接平放入冷藏。（麵糰上方勿重壓）

(07) 12 個小時後即可使用，最多不要超過 15 個小時。

小胖老師提醒

需在前一天約下午時段將麵糰打好。（時間請同學自行推算）
塑膠袋封口往下折，不要綁起來，放入冷藏也不要有東西壓住。

甜麵糰作法

➡ 基礎材料

隔夜中種	全下	鮮奶	100g
糖	100g	乾酵母	8g
鹽	14g	高筋麵粉	300g
冰塊	150g	軟化無鹽奶油	100g

➡ 詳細步驟

01

將隔夜中種麵糰取出冷藏,放在室溫下備用。

02

首先,鹽、糖依序放入鋼盆中。

03

放入隔夜中種麵糰(要切成拳頭大小),開啟攪拌機轉慢速。

04

稍微攪打1分鐘,倒入冰塊與鮮奶。

05

攪打過程中,另外將乾酵母倒入高筋麵粉中拌勻。

小胖老師提醒

乾酵母務必與麵粉先行拌勻,不可直接放入糖、鹽的鋼盆中,以免過於刺激導致麵糰發酵失敗。

06

將酵母高筋麵粉倒入鋼盆中,持續以慢速攪拌成糰。

(07) 攪拌至所有材料成糰，轉為中速持續攪拌 4 分鐘。

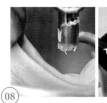
(08) 待麵糰攪打至表面呈光滑、有彈力後，按暫停，放入軟化無鹽奶油。

(09) 以慢速攪拌均勻，使奶油與麵糰均勻融合。

(10) 攪拌至奶油完全與麵糰結合，看不到奶油，再轉至中速打至麵糰完全擴展。

(11) 開中速後，攪拌大約 2～3 分鐘，（每一種麵糰性質不同，時間有所差異）當麵糰可以用雙手拉出薄膜時，表示「完全擴展」。

(12) 麵糰溫度要保持 25～26 度，使麵糰筋度完全擴展。

小胖老師提醒

麵糰打至完全擴展的程度，會依各家麵粉筋度不同，時間便有所不同。若是日本進口麵粉則時間會縮短至 1 分多鐘，台灣本土品牌因為比較耐攪拌，攪拌時間可達 2～3 分多鐘。

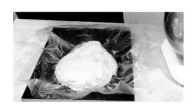
(13) 麵糰取出放在鐵盤上，用手平均輕拍將空氣拍出，並稍微向內收圓，收口朝下，麵糰抹上少許油，蓋上塑膠袋。放入溫暖密閉的空間，發酵約 50 分鐘，至原本麵糰的兩倍大，即完成基本發酵，為本書所使用的甜麵糰作法。

小胖老師提醒

另一種測試可以用手指沾上手粉，插入麵糰中心來測試，若是麵糰沒有回縮，就代表發酵完成。

滾圓 & 整形

　　待第一次發酵完後，接著進行「滾圓」，滾圓後的外觀要整理成光滑緊實的圓形表面，這個動作可使麵糰中的空氣排出，表面張力麵筋結構更緊實，也方便後續入烤前的整形更為快速省時。

滾圓：適用一般圓型麵包

(01) 將手拱起，保持與麵糰有一定的距離。

(02) 手保持空心，覆蓋在麵糰上。

(03) 以掌腹輕推往前、指腹輕拉回。

(04) 使麵糰在拇指和掌腹之間轉動，過程中不可重壓。

(05) 用指腹輕輕將麵糰邊緣收入底部即可。

長圓形：適用吐司、及長條形麵包

01 取出麵糰，利用擀麵棍將麵糰均勻擀平、擀開。

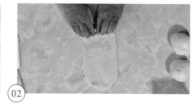

02 接著翻面，將麵皮在最下方稍用力壓，黏在工作桌上。

03 從短邊由上往下慢慢捲起，力道要一致，收口朝下。

04 將麵糰都整形成粗細均勻的長圓形。

橢圓形：適用橄欖形、橢圓形麵包

01 分割好的麵糰稍微拍平，將麵糰輕拍擠出空氣。

02 將麵皮翻面。

03 麵皮在最下方稍用力壓，黏在工作桌上。

04 由上往下捲，收口朝下。

05 稍微整形、收邊即可。

辮子形：適用調理形、餡料麵包

01
用擀麵棍，將麵糰上下擀開均勻。

02
麵糰底部向下黏住工作桌。

03
長邊由上往下均勻捲起，收口朝下。

04
沾手粉於桌面及手上，左右壓住麵糰。

05
均勻施力將麵糰搓長，將麵糰成為粗細一致。

06
將麵糰搓長約 20 公分，取 3 條長形麵糰，先將兩條左右交疊呈 V 字形，中間再放一條長形麵糰。

07
將 3 條長形麵糰頂部壓緊，先拿起最左邊的長形麵糰，跨過中間麵糰。

08
再將右邊長條形麵糰跨過中間麵糰。

09
如同綁辮子一般，依序完成。

10
最後剩下的麵糰，壓緊收尾。

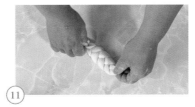
11
收口後，兩端稍微搓細，使形狀更好看。

成功做出完美麵包的 <u>5 大技巧</u>

做麵包的過程簡單，但細節都是學問，若是想要更進階做出麵包師傅的口感及外觀，以下 5 大技巧可絕不能錯過，有時候就只差那麼一點「眉角」就能更完美了！

技巧 1——麵包發酵三階段

一旦開始製作麵包，在酵母的參與下，發酵作用就開始了，這是一段持續不間斷的過程，所以每一次的發酵過程都是有意義的。第一、能讓麵筋組織更完整，幫助麵糰保持著更多的氣體與發酵物質，得到我們想要的麵包口感和風味。第二、發酵能使緊繃的麵糰得到鬆弛，以及方便分割及整形。

一般來說，**麵包分為三次發酵（基發、中發、後發）可以使麵糰口感更細緻**，坊間的麵包店或專業烘焙師傅都是使用專門的發酵箱來製作麵包，但並非每個家庭都有這樣的設備，若是在家自製一個烘焙發酵環境。其中要注意的是季節氣候，分為夏季及冬季：

夏天：台灣夏季氣候潮濕又熱，濕度不太擔心，但溫度過高會影響麵糰，如果可以能開 26℃ 均溫空調最佳，進入發酵階段時，直接將麵糰覆蓋塑膠袋放在室內即可。

冬天：進入乾冷氣候，對於酵母發酵效果影響更大。攪拌麵糰時，冰塊水可以換成常溫水，進入發酵階段，蓋上塑膠袋，放入烤箱內，控制在 28 度左右發酵。

麵包透過發酵作用，能達成以下 3 大目的：

① 麵包酵母作用下會產生二氧化碳，包覆在麵筋組織內，使麵糰體積膨脹。

② 膨脹的麵糰經過適度的伸展性、黏性與彈性；麵糰逐漸鬆弛變得較光滑，內部的麵筋組織在發酵過程中也會逐步強化。

③ 產生麵糰發酵特有的風味及香氣。

發酵後的麵糰在操作過程中，會不斷出現氣泡。

技巧 2——攪打麵糰的速度

本書中所有的麵糰攪打，我都有標示建議的速率及時間，均可參考。這除了經驗推估外，以下的判斷技巧也分享給大家：

① 所有乾性材料放進鋼盆中，皆以「慢速」攪拌均勻。

② 開始放入水或油脂等液態材料，要等所有材料均勻成糰後，再以「中速」攪拌強化麵筋。

乾性材料要以慢速拌勻。

此外，要注意麵糰攪拌不足，麵糰筋度不足，一拉就斷、表面粗糙。麵糰攪拌過度，會因為麵筋開始被打斷而釋出麵糰中所吸收的水份，而變得黏手且出來，像口香糖一樣濕黏。

等到所有材料均勻成糰後，才以中速攪拌出筋。

技巧3——分割滾圓的技術

在歷經基礎發酵後，麵糰中有空氣，因此分割成大小、重量一樣的麵糰後，要進行滾圓的動作將空氣排出，這樣才能麵糰內不會有太多的空洞組織。分割、滾圓分別有幾個動作要特別注意，以下特別說明：

分割

① **重量大小要一致**：分割麵糰時，每一個麵糰大小、重量都要一致，所以每切一塊麵糰都要秤重，這樣可以在烘焙的時候才能讓每個麵糰的烘烤時間一樣。

② **先切條在切塊**：分割時要掌握先切成條狀，之後再切成大小一致的塊狀，如此一來在秤量的時比較掌握。

每切完一個就要秤重量，確定大小一致。

③ **切麵時以按壓方式**：分割時，使用切麵刀要以直接往下切斷的方式，千萬不可以像切菜、肉一樣前後移動來切割。這樣不僅會破壞麵筋組織，還會讓麵糰的膨脹力變差，連帶影響麵包的張力。

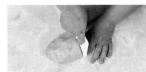

④ **分割錯誤補救方法**：萬一在分割麵糰的時候，若是重量過多，就直接切掉多餘的部分即可。若是不小心少切的話，就要補在麵糰的底部，用大麵糰包住補的小麵糰，否則會影響發酵的時間。

切麵刀要以直接往下，切成塊狀的方式。

⑤ **不可以用手撕麵糰**：分割麵糰時，只能用切麵刀處理，不可用手撕，因為手的面積施力較大，會影響其他的麵筋口感。

滾圓

① **不可握緊麵糰**：小麵糰（約50g以下）可以放在桌上滾圓，但不可以整個將麵糰握緊實，會影響麵糰張力。

② **大麵糰在手上折**：因為大麵糰不易在桌上操作，可以放在手上將麵糰往內收成圓形，最後在收口處捏緊。

手掌和麵糰間要有空隙，讓麵糰可以在手掌間流暢滑動。

大麵糰太大，可以兩隻手操作比較容易。

技巧 4——烘焙調味的建議

　　市面上麵包口味百百款，適量的輔助材料，可以讓麵包風味更多元，只要掌握技巧，你也能創造出屬於個人的獨家口味。一般來說，常用材料分為「增添口感」、「增加風味」、「增強色澤」及「變化款式」4大類型：

① **增添口感**：例如雞蛋、鮮奶、奶油等這類「韌性材料」可以加強麵糰的彈性、還有香氣，但這類食材有較多的油脂和黏稠性，使用上要特別注意份量，以免影響麵包口感。

麵糰中加入鮮奶等食材，可以使麵包口感更柔軟。

② **增加風味**：一般麵包吃起來僅有小麥香氣，而為了吸引大眾喜愛，因此有更多人會在麵包製作過程中加入醬料或粉類，例如：果醬、番茄醬、抹茶粉、巧克力粉等。若是添加醬料，要注意放入的時間及攪拌要均勻；若是粉類，則可以和所有乾性材料一起拌勻製作麵包。

粉類可以和乾性材料一起倒入鋼盆中拌勻。

③ **增強色澤**：想知道為什麼坊間麵包店的麵包看起來都光華有亮澤嗎？關鍵就是烘烤前後的小撇步。烘烤前刷上蛋液，可以讓烘烤後的麵包表面呈現金黃表面，例如蔥花麵包就是很好的例子。

先刷上蛋液再鋪上蔥花，也能增添色澤。

　　烘烤後，乘熱刷上奶水（注）。可以使麵包表面呈現油亮有光澤，可容易引起大家的食欲。

在麵包刷上一層奶水，呈現油亮光澤。

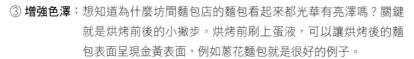

常見的烘焙用上色種類：

液體種類	烘焙結果
蛋黃	酥脆感
蛋白	光亮感
全蛋液	光澤感
檸檬汁	口感清爽
橄欖油	油亮感
奶水	光滑感

注：奶水或稱淡奶、蒸發奶、蒸發奶水。它是將牛奶蒸餾過去除一些水分後的結果，沒有煉乳濃稠，但比牛奶稍濃，因此英文也 叫 Evaportated Milk 或 Unsweetened Condensed Milk，以期和煉乳的 Sweetened Condensed Milk 區別。奶水的乳糖含量較一般牛奶為高，奶香味也較濃，可以給予西點特殊的風味。奶水也可以用奶粉代替，比例是奶粉 1: 水 9，或者是 2:8。以 50% 的奶水加上 50% 水混合，即為全脂鮮奶。

④ **變化款式**：一般調理麵包，通常都是使用在最後發酵前的整形步驟，

　　分為三種作法：●1 包餡後再烤，將麵糰包進餡料、或放在麵糰上方再送進烤箱，例如紅豆麵包、蔥花麵包等；●2 烤出來再夾餡，例如小漢堡、果醬夾心麵包等。

麵糰包餡後進入最後發酵。

放在麵糰上當裝飾再入爐烘烤。

麵包烤出來再塗抹果醬。

技巧 5——烘烤麵包的判斷

　　烘烤麵糰可算是製作麵包的最後階段，但仍有些小細節需要注意，以免前功盡棄。每台烤箱的功率不盡相同、預熱與烘烤的時間也有些微差異，除了平時的經驗判斷外，以下也提供 3 個小常識和 3 大方法提供大家參考：

① **判斷烘烤時間的 3 個小常識**

- ●1 **麵包大小**：越大、越厚的麵糰，例如：吐司、巨蛋麵包等烘烤時間要越久、烘烤溫度要略低

- ●2 **麵包成分**：含油含糖量多的麵糰，溫度要略低，反之則溫度可以稍高。

- ●3 **麵包數量**：烤盤上放越少麵包，溫度就要略高（實際溫度還是要按照麵包大小調整）。

麵包烘烤的溫度與時間，要做適當調整。

② **麵包入爐烘焙也分為兩階段**，中間掉頭時機、麵包烤好出爐時機。有三大方法可以判斷：

- ●1 **上色程度**：一般烤箱，越靠近裡面的溫度會比較高，烘烤顏色就會比外側深，建議烘烤 10 分鐘左右（參考值），可以打開烤箱看一下麵糰上色狀況，若已經呈現金黃色，可以掉頭轉換烤盤位置。若麵糰表面顏色還是太白就稍微調高溫度或拉長烤培時間。

- ●2 **測量麵糰溫度**：可以使用「探針溫度計」，選擇細針插進麵包裡，顯示 97 度左右，針上面沒有沾黏麵糰就是烤好了。

- ●3 **膨脹程度**：將麵包放入烘烤，麵包受熱後會漸漸變大，這時候就可以輕輕用手壓一下，看麵包是否會彈回來。

適度打開烤箱，觀摩麵包上色程度。

PART2
愛不釋手甜麵包

- 01. 閃電菠蘿
- 02. 窯烤地瓜
- 03. 芋香珍珠
- 04. 蜜紅豆乳酪
- 05. 墨西哥奶酥
- 06. 方塊藍莓
- 07. 椰香草莓
- 08. 卡士達牛奶
- 09. 日式湯種餐包（紅豆、芋頭、卡士達、乳酪）

一道道不規則裂痕，刺激你我的味蕾
閃電菠蘿麵包

菠蘿麵包是我教學最熱門的一道款式，場場爆滿都是為它而來。有的媽媽說這是兒時味道的傳承，外酥內軟又帶的奶香味，不僅大人小孩統統都被它收服，而且有的媽媽們最是期待每一次菠蘿皮龜裂出不同紋路的驚喜。

材料

基礎甜麵糰總重 ········ 1923g
（作法見 P22）

【菠蘿皮】

無鹽無鹽奶油 ··············· 230g
糖粉 ····························· 260g
奶粉 ····························· 30g

全蛋 ····························· 2 個
低筋麵粉 ····················· 500g
（視情況斟酌）

製作準備

基礎麵糰製作

(01) 將基本甜麵糰做好後，基本發酵
50 分鐘後取出。

分割與滾圓

(02) 進行分割，一個麵糰分割約 70 公
克。

(03) 將分割好的麵糰滾圓，呈現表面
光滑的樣子，再蓋上塑膠袋進入
中間發酵 40 分鐘。

整形與發酵

(04) 將製作菠蘿皮的全部材料備好，依
序先糖、無鹽奶油、奶粉快速打發
變白（轉到快速打約 5 分鐘）。

小胖老師提醒

1 攪拌棒要換成球狀，較能將菠蘿皮
均勻打發。

2 波蘿皮要漂亮，一定要打得夠發、夠
白，依我的經驗從開快速攪拌至少 5
分鐘以上。若打得越發，波蘿皮便
會龜裂的越漂亮、越酥脆。

3.打到最發時，將奶蛋挖出來拌入低
筋麵粉，拌勻至軟而不黏手即可。

(05) 當鋼盆裡的材料打得夠白，就可
以分次放入全蛋慢速攪拌均勻。

小胖老師提醒

1 建議打蛋之前，先拿出在室溫放 10
分鐘先回溫。若蛋如果太冰打下去，
碰到油會吸收不進去，反而打不均
勻。

2 建議蛋要先打在小碗裡，確定沒有
「壞蛋」才可放入鋼盆中。

(06) 最後，取出拌好材料與低筋麵粉
混和拌勻，攪拌至不沾手的狀態。

小胖老師提醒

1 菠蘿皮，有人說高筋麵粉口感比較
酥，低筋麵粉則是比較軟，事實上
只要打得越發都會很酥脆。因為台
灣氣候潮濕，基本上放久回軟的機
率都很高。

2 菠蘿皮拌好後會出筋，所以不要一
開始就先處理，建議等到要整形之
前在做。

3 製作菠蘿皮的室溫，建議在 26 ～
27℃，以免太冷、太熱都會打不發。

07 將菠蘿皮分割成每一顆 30g 小麵糰,備用。

08 將第二次發酵好的麵糰整成滾圓形。

09 先在工作檯面上灑手粉,將菠蘿皮放在手粉上。

10 接著,將麵糰覆蓋在菠蘿皮麵糰上,略為壓扁。

11 翻面,向內抓收,收口時,將菠蘿皮包覆整個麵糰 3/4。

12 翻至正面,直接放入烘焙杯中,或利用模型壓出花紋。

調味與烘焙

13 將菠蘿麵糰放在烘焙杯裡排列，不需要蓋塑膠袋，放於室溫進行最後發酵約1小時。

小胖老師提醒

1 因為波蘿皮含有高油份，放在室溫下發酵，有利蒸發菠蘿皮的水分，烘烤之後會更酥脆。

2 發酵的室溫環境建議26-27℃，不宜太熱，也不可太冷，室溫溫度過低會使油皮變硬。

14 等待發酵至麵糰膨脹至兩倍大，即可。

小胖老師提醒

初學者常抱怨菠蘿麵包會做失敗。將麵糰放在烘焙杯裡，可以較準確的判斷出菠蘿麵包的發酵程度。標準的烘焙杯高度約3.5公分，發酵好的麵糰可膨脹至6公分高。

15 在菠蘿麵包表皮龜裂處刷上蛋黃液，最後進入烘烤。

16 將烤箱預熱至指定溫度（上火220℃、下火170℃）烤焙時間約18分鐘烤至12分鐘時，將烤盤轉向再烤6分鐘即可，出爐時將烤盤稍輕敲，將熱氣排出，置放於架上放涼。

完成

難易度

外形就像烤番薯，香甜滋味於口中迴繞

窯烤地瓜麵包

將蕃薯塊包在麵糰裡，咀嚼中有麵粉的香、透出番薯的甜，也讓整個麵包質感變得更鬆軟好吃。作法簡單、口感美味，保證是家中長輩愛吃的第一首選。

▶ 材料

基礎甜麵糰總重 ……… 1923g
（作法見 P22）

【番薯餡】
蒸過的冷凍番薯 ……… 2 根
可可粉 ………………… 適量

▶ 製作準備

基礎麵糰製作

01 將基本甜麵糰做好後，基本發酵 50 分鐘後取出。

分割與滾圓

02 進行分割，一個麵糰分割約 70 公克。

03 將分割好的麵糰滾圓，呈現表面光滑的樣子，再蓋上塑膠袋進入中間發酵 40 分鐘。

整形與發酵

04 將冷凍番薯退冰後，包上錫箔紙，放入烤箱加熱 10 分鐘。

05 番薯取出後，稍放涼切成小段，備用。

06 接著，拿出二次發酵好的麵糰，稍微擀平。

07 取一段番薯放在麵皮上半部 1/4 處，麵皮由上往下慢慢捲起，收口朝下。

08 包好後，隨意整成橢圓形，形狀不需太漂亮，因為番薯的形狀就是不規則，看起來地瓜造形會更逼真。

09 整型好之後將整顆地瓜麵包沾上一層薄薄的可可粉，接著進入最後發酵約 50 分鐘。

11 將烤箱預熱至指定溫度（上火 220℃、下火 170℃）烤焙時間約 18 分鐘烤至 12 分鐘時，將烤盤轉向再烤 6 分鐘即可，出爐時將烤盤稍輕敲，將熱氣排出，置放於架上放涼。

10 發酵完成後，在烘烤前可拿小刀在表面上畫約 10 個小洞，讓地瓜麵包的外形更為自然。

完成

香濃地瓜餡的作法 ───────────────

本次示範作法是將整個地瓜放進麵糰裡，可以吃到皮和纖維。
若喜歡地瓜泥入口即化的口感，可依下方的作法試試看，會更加綿密好吃。

➤ 材料

新鮮地瓜 ···················· 500g
無鹽奶油乳酪 ············· 100g
牛奶 ···························· 50g
砂糖 ···························· 50g

➤ 作法

(01) 地瓜買回來後，將表面刷洗乾淨，放入可微波的容器裡面，在容器的底部倒入約 20 公克的水防止微波的時候焦掉，容器上面蓋上一層保鮮膜，微波的火力開到大火，約 15 分鐘直到整顆地瓜熟透。

(02) 取出地瓜去皮，趁熱時將乳酪、砂糖及牛奶全部加入攪拌盆，用中速攪拌約 2 分鐘即可，讓所有的材料混合均勻即可。

(03) 最後，要等地瓜餡完全冷卻後，才可包入麵糰。

　　* 如果吃起來口感軟硬，可加入牛奶適量調整軟硬度。

難易度

傳統芋頭香，是最純粹的美味

芋香珍珠麵包

還記得小時候麵包車裝載著各式各樣的美味麵包，每次撲鼻而來最先是濃郁的芋頭香氣，芋頭的綿密滋味搭配 Q 軟麵包，魅力真是無法抵擋。

🍞 材料

基礎甜麵糰總重 ········ 1923g
（作法見 P22）

【餡料】（單顆）
芋頭泥 ······························ 25g
珍珠糖 ······························ 適量

🍞 製作準備

基礎麵糰製作

(01) 將基本甜麵糰做好後，基本發酵 50 分鐘後取出。

分割與滾圓

(02) 進行分割，一個麵糰分割約 70 公克。

(03) 將分割好的麵糰滾圓，呈現表面光滑的樣子，再蓋上塑膠袋進入中間發酵 40 分鐘。

整形與發酵

(04) 拿出整形好的麵糰，包入 25g 的芋頭泥，收口朝下。

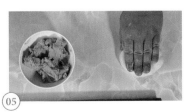

(05) 接著，以手掌力量將麵糰壓平，將空氣擠壓出去。

(06) 接著，將麵糰擀成橢圓片狀，約巴掌大。

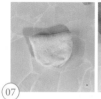

07

麵皮翻麵,先上下對折,再左右對折。

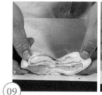

08

從中間切一刀,頂端相連、尾巴切斷。

09

接著,將兩條麵糰往外翻再合上,餡料切口朝上,成為一個心形。接著進入最後發酵時間約 40 分鐘。

調味與烘焙

10

入爐前,先在麵糰上刷薄薄的蛋液,撒上珍珠糖點綴。

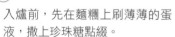
小胖老師提醒

買不到珍珠糖的人,也可以用杏仁片或是杏仁角取代。

11

將烤箱預熱至指定溫度(上火 210℃、下火 170℃) 烤焙時間約 13 分鐘烤至 8 分鐘時,將烤盤轉向再烤 5 分鐘即可,出爐時將烤盤稍輕敲,將熱氣排出,置放於架上放涼。

完成

紅豆生南國，好吃得開花又結果
蜜紅豆乳酪麵包

傳統的紅豆麵包，絕對是麵包店的鎮店之寶，因為製作簡單、口味接受度高。若紅豆內餡也能自己在家做，還能掌握甜度，做出低糖美味的紅豆麵包，那就更棒了！

➤ 材料

基礎甜麵糰總重 ········ 1923g
（作法見 P22）

【餡料】（單顆）

紅豆泥 ····························· 30g
乳酪 ······························· 15g
黑芝麻 ······························ 適量

➤ 製作準備

基礎麵糰製作

01

將基本甜麵糰做好後，基本發酵
50 分鐘後取出。

分割與滾圓

02

進行分割，一個麵糰分割約 70 公
克。

03

將分割好的麵糰滾圓，呈現表面
光滑的樣子，再蓋上塑膠袋進入
中間發酵 40 分鐘。

整形與發酵

04

拿出整形好的麵糰，包入 30g 的紅
豆泥。

05

接著包入乳酪，收口捏緊後，收
口朝下。

06

放入準備好的烘焙杯。

（07）將**擀**麵棍噴水，沾黑芝麻點綴在麵包頂端。

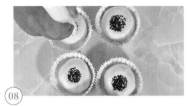

（08）將所有的麵包沾好後，接著進行最後發酵約 50 分鐘。

調味與烘焙

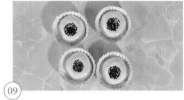

（09）入爐之前在表面上刷薄薄的蛋液。

（10）將烤箱預熱至指定溫度（上火 210℃、下火 170℃）烤焙時間約 13 分鐘烤至 8 分鐘時，將烤盤轉向再烤 5 分鐘即可，出爐時將烤盤稍輕敲，將熱氣排出，置放於架上放涼。

（11）出爐時，乘熱再抹上奶水，維持麵包表面光亮，避免乾燥水分流失。

小胖老師提醒

「奶水」：乳糖含量為一般牛奶高，奶香味也較濃，可以給予烘焙特殊風味，在一般的烘焙賣場均可買到。

完成

頭上一頂大帽子，扣住所有的甜蜜滋味
墨西哥奶酥

墨西哥奶酥，名副其實就如同墨西哥人頭上愛戴的大帽子，而這頂大帽子是由奶酥所製成，包覆著麵包柔軟香甜的口感，完全鎖住這美好滋味在口中蔓延。

材料

基礎甜麵糰總重 ········ 1923g
（作法見 P22）

【餡料】（單顆）

奶酥 ································· 30g
墨西哥醬 ······················· 適量
糖粉 ····························· 適量

製作準備

基礎麵糰製作

(01) 將基本甜麵糰做好後，基本發酵 50 分鐘後取出。

分割與滾圓

(02) 進行分割，一個麵糰分割約 70 公克。

(03) 將分割好的麵糰滾圓，呈現表面光滑的樣子，再蓋上塑膠袋進入中間發酵 40 分鐘。

整形與發酵

(04) 拿出整形好的麵糰，先分割出 1/10 的麵糰，備用。

(05) 將小麵糰包入剩餘的大麵糰中的頂部。

小胖老師提醒
將小麵糰塞入麵包頂端，如此一來烘烤時就會出現圓滑的膨脹感。
如果你做的麵包常有塌陷問題，不然嘗試看看這個方法。

(06) 拿出整形好的麵糰，包入 30g 的奶酥餡，收口朝下。

調味與烘焙

07 放入準備好的烘焙杯後，最後發酵時間約 50 分鐘。

08 最後發酵完成後，在麵糰表面上塗奶水。

09 將烤箱預熱至指定溫度（上火200℃、下火170℃）烤焙時間約15 分鐘烤至 10 分鐘時，將烤盤轉向再烤 5 分鐘即可，出爐時將烤盤稍輕敲，將熱氣排出，置放於架上放涼。

完成

小胖老師的獨門甜餡料這樣做

酥波羅

➤ 材料

無鹽奶油	450g
砂糖	450g
低筋麵粉	900g

➤ 作法

(01) 將無鹽奶油與砂糖拌均勻後,再把低筋麵粉倒入鋼盆攪拌均勻。

(02) 拌好之後將酥菠蘿撥鬆,放在空盤上,備用。

　　* 建議最好前一天做好,冷藏後隔天使用。隔天使用時回溫,稍軟化即可使用。

奶酥餡

➤ 材料

無鹽奶油	320g
糖粉	100g
鹽	1g
玉米粉	50g
全蛋	1 顆
奶粉	320g

➤ 作法

(01) 將無鹽奶油與糖粉放在鋼盆裡,用手稍微拌勻。以槳狀攪拌棒,轉中速打大約 2 分鐘。

(02) 準備一鋼盆,將全蛋一顆一顆慢慢的加入。

(03) 加入之後再將鹽巴、玉米粉、奶粉,統統倒入攪拌。

(04) 接著,開中速再打約 1 分鐘拌勻即可。(不要打發)

　　* 融化到軟後完全放入打到均勻(中速)不超過 2 分鐘。

墨西哥醬

➤ 材料

無鹽奶油	100g
糖粉	100g
全蛋	2 顆
過篩的低筋麵粉	100g

➤ 作法

(01) 將無鹽奶油與糖粉放入鋼盆,以槳狀攪拌,轉慢速的拌均勻。

(02) 拌好之後再將低粉與全蛋一起倒入,一樣用慢速攪拌均勻(約 1 分鐘)即可。

(03) 接著裝入三角袋即可使用。

果醬麵包大變身，讓外觀和口感都提升

方塊藍莓

傳統的果醬麵包，都是當成夾心，那就毫無特色了。這次我將果醬也變成麵包裝飾的一部分，看起來更高貴、吃起來也很有層次。就如這款麵包，我加入藍莓果醬搭配椰子粉，有果香又不過於甜膩相當好吃。若你家有剩下的草莓、鳳梨果醬等，不妨試試看。

▨ 材料

基礎甜麵糰總重 ········ 1923g
（作法見 P22）

【 配料 】

藍莓果醬	適量
酥波蘿	適量
椰子粉	適量

▨ 製作準備

基礎麵糰製作

01 將基本甜麵糰做好後，基本發酵 50 分鐘後取出。

分割與滾圓

02 進行分割，一個麵糰分割約 700 公克。

03 分割好之後，將麵糰放入烤盤，底部要噴上一層薄薄的油防止沾黏。

整形與發酵

04 將麵糰均勻鋪平，以便之後的整形動作。蓋上塑膠袋，進行中間發酵 20 分鐘。（烤盤長 32.5 公分 × 寬 39.5 公分 × 高 2 公分）

05 中間發酵完畢，取出用雙手將麵糰壓至烤盤一樣大小。

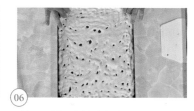

06 並用手指稍微將麵糰搓洞，讓麵糰有空間發酵，進入最後發酵 40 分鐘或跟烤盤一樣高。

調味與烘焙

07

發酵完畢後，麵糰發到跟烤盤一樣高的高度，在表面上刷上一層薄薄的全蛋液。

08

在麵皮上均勻灑酥菠蘿。

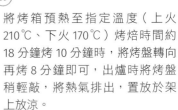

09

將烤箱預熱至指定溫度（上火210℃、下火170℃）烤焙時間約18分鐘烤10分鐘時，將烤盤轉向再烤8分鐘即可，出爐時將烤盤稍輕敲，將熱氣排出，置放於架上放涼。

調味與烘焙

10

麵包放涼後，將麵包切兩刀分三半，切至寬度 5.5 公分、長度維持不變。

11

將麵糰切成四方形，於麵包夾層塗上藍莓果醬。

12

將兩塊麵包合併一起呈正方形，接著於麵包四面皆塗上果醬。

13

於四周圍沾上椰子粉，最後可以個人喜好撒上糖粉裝飾。

完成

濃醇莓果香，美味更加倍

椰香草莓麵包

椰香草莓麵包在傳統麵包店仍是熱門選項，草莓果醬搭配椰子粉特別對味，單純的麵包加上多變的夾餡和沾裹材料，美味更加倍。

➤ 材料

基礎甜麵糰總重 ……… 1923g
（作法見 P22）

【餡料】

草莓果醬 ……………… 適量

椰子粉 ………………… 適量

➤ 製作準備

基礎麵糰製作

01 將基本甜麵糰做好後，基本發酵50 分鐘後取出。

分割與滾圓

02 進行分割，一個麵糰分割約 70 公克。

03 將分割好的麵糰滾圓，呈現表面光滑的樣子，再蓋上塑膠袋進入中間發酵 40 分鐘。

整形與發酵

04 間發酵完成後，利用**擀麵棍**將麵糰均勻**擀平、擀開**，麵皮在最下方稍用力壓，黏在工作桌上。

05 將麵糰由上往下慢慢捲起，力道要一致捲到底，收口朝下。

06 將麵糰都整形好後，放入烤盤中進行最後發酵約 40 分鐘。

調味與烘焙

07
入爐之前在表面上刷薄薄的蛋液。

08
將烤箱預熱至指定溫度（上火210℃、下火170℃）烤焙時間約13分鐘
烤至8分鐘時，將烤盤轉向再烤5分鐘即可，出爐時將烤盤稍輕敲，將熱氣排出，置放於架上放涼。

09
將麵包切半，但底部不切斷。

10
底部全面抹上草莓醬。

12
底部兩面對折，麵包周圍也抹上草莓醬，底部不抹。

12
沾上椰子粉，即可食用。

完成

難易度

螺旋花紋，墜入童年滋味

卡士達牛奶麵包

還記得，小時候最喜歡吃這款香濃滑順的牛奶內餡，順著螺旋花紋一圈圈，彷彿回到童年記憶。卡士達醬就是俗稱的克林姆（cream），自己可以在家自製多量，在製作任何甜點都可以使用。

▶ 材料

基礎甜麵糰總重 ……… 1923g
（作法見 P22）

【配料】（單顆）

卡士達醬 …………………… 30g
墨西哥醬 …………………… 適量
糖粉 ………………………… 適量

▶ 製作準備

基礎麵糰製作

① 將基本甜麵糰做好後，基本發酵 50 分鐘後取出。

分割與滾圓

② 進行分割，一個麵糰分割約 70 公克。

③ 將分割好的麵糰滾圓，呈現表面 光滑的樣子，再蓋上塑膠袋進入 中間發酵 40 分鐘。

整形與發酵

④ 拿出中間發酵好的麵糰，先分割出 1/3 的麵糰，備用。

⑤ 將小麵糰包入剩餘的大麵糰中的 頂部。（防止爆餡）

小胖老師提醒

將小麵糰塞入麵包頂端，如此一來烘 烤時就會出現圓滑的膨脹感。
如果你做的麵包常有塌陷問題，不妨 嘗試看看這個方法。

⑥ 拿出整形好的麵糰，包入 30 公克 的卡士達醬，收口捏緊後朝下。

調味與烘焙

(07) 放入準備好的烘焙杯後，最後發酵時間約 50 分鐘。

(08) 最後發酵完成後，在麵糰表面上塗奶水或全蛋液。

(09) 擠上奶水後等 2 分鐘後稍乾，再將卡士達醬裝入擠花袋，在麵糰表面擠上螺旋紋狀才能黏得住。

(10) 將烤箱預熱至指定溫度（上火 210℃、下火 170℃）烤焙時間約 15 分鐘烤至 10 分鐘時，將烤盤轉向再烤 5 分鐘即可，出爐時將烤盤稍輕敲，將熱氣排出，置放於架上放涼。

完成

小胖老師的卡士達牛奶餡料這樣做

➤ 材料

牛奶 ······················· 500g
低筋麵粉 ··················· 25g
砂糖 ······················· 100g
全蛋 ······················· 2 顆
玉米粉 ····················· 25g
無鹽奶油 ··················· 100g

➤ 作法

①將牛奶以小火加熱，同時在另一鋼盆中放入全蛋、低筋麵粉、玉米粉、砂糖拌勻。

②將煮滾的牛奶倒入麵糊中，一邊攪拌均勻，以免結塊。

③攪拌均勻後，將無鹽奶油放於鋼盆內拌均勻後，一邊加熱融化，煮至沸騰、冒泡濃稠狀為止，放涼備用。

難易度

紅豆生南國，好吃得開花又結果

日式湯種餐包

所謂的「湯種」就是燙麵，將熱水沖入麵粉裡，使澱粉糊化，這個糊化的麵糊就是「湯種」，因為麵粉的吸水量增多，所以麵包吃起來濕潤 Q 彈、有彈性。

紅豆湯種餐包

材料

基礎甜麵糰總重 ········ 1923g
（作法見 P22）
湯種麵糰 ···················· 150g

【配料】（單顆）
紅豆泥 ····························· 20g

【裝飾材料】
杏仁片 ····························· 適量

製作準備

基礎麵糰製作

01 將基本甜麵糰做好後，基本發酵 50 分鐘後取出。

02 在基本麵糰中加入湯種麵糰（湯種製作過程見 P67）。

分割與滾圓

03 進行分割，一個麵糰分割約 40 公克。

整形與發酵

04 將分割好的麵糰滾圓，呈現表面光滑的樣子，再蓋上塑膠袋進入中間發酵 40 分鐘。

05 拿出發酵好的麵糰包入 20g 的紅豆泥。收口捏緊後朝下放在烤盤上。

06 將麵糰逐一排列好於烤盤上，最後發酵時間約 50 分鐘。

調味與烘焙

07 入爐之前在表面上刷薄薄的奶水。

08 在麵糰表面放不同的裝飾食材，以利分辨口味。

09 將烤箱預熱至指定溫度（上火 210℃、下火 170℃）烤焙時間約 12 分鐘烤至 8 分鐘時，將烤盤轉向再烤 4 分鐘即可，出爐時將烤盤稍輕敲，將熱氣排出，置放於架上放涼。

芋頭湯種餐包

➥ 材料

基礎甜麵糰總重 ········ 1923g	
（作法見 P22）	
湯種麵糰 ················ 100g	

【配料】（單顆）
芋頭泥 ····················· 20g

【裝飾材料】
白芝麻 ····················· 適量

➥ 製作準備

基礎麵糰製作

01 將基本甜麵糰做好後，基本發酵 50 分鐘後取出。

02 在基本麵糰中加入湯種麵糰（湯種製作過程見 P67）。

分割與滾圓

03 進行分割，一個麵糰分割約 40 公克。

整形與發酵

04 將分割好的麵糰滾圓，呈現表面光滑的樣子，再蓋上塑膠袋進入中間發酵 40 分鐘。

05 拿出發酵好的麵糰，包入 20g 的芋頭泥，收口捏緊後朝下放在烤盤上。

06 將麵糰逐一排列好於烤盤上，最後發酵時間約 50 分鐘。

調味與烘焙

07 入爐之前在表面上刷薄薄的奶水。

08 在麵糰表面放不同的裝飾食材，以利分辨口味。

09 將烤箱預熱至指定溫度（上火 210℃、下火 170℃）烤焙時間約 12 分鐘烤至 8 分鐘時，將烤盤轉向再烤 4 分鐘即可，出爐時將烤盤稍輕敲，將熱氣排出，置放於架上放涼。

卡士達湯種餐包

材料

基礎甜麵糰總重 ……… 1923g
（作法見 P22）
湯種麵糰 ………………… 100g

【配料】（單顆）
卡士達 …………………………… 20g

【裝飾材料】
南瓜籽 ………………………… 適量

製作準備

基礎麵糰製作

01 將基本甜麵糰做好後，基本發酵 50 分鐘後取出。

02 在基本麵糰中加入湯種麵糰（湯種製作過程見 P67）。

分割與滾圓

03 進行分割，一個麵糰分割約 40 公克。

整形與發酵

04 將分割好的麵糰滾圓，呈現表面光滑的樣子，再蓋上塑膠袋進入中間發酵 40 分鐘。

05 拿出發酵好的麵糰包入 20g 的卡士達。收口捏緊後朝下放在烤盤上。

06 將麵糰逐一排列好於烤盤上，最後發酵時間約 50 分鐘。

調味與烘焙

07 入爐之前在表面上刷薄薄的奶水。

08 在麵糰表面放不同的裝飾食材，以利分辨口味。

09 將烤箱預熱至指定溫度（上火 210℃、下火 170℃）烤焙時間約 12 分鐘烤至 8 分鐘時，將烤盤轉向再烤 4 分鐘即可，出爐時將烤盤稍輕敲，將熱氣排出，置放於架上放涼。

乳酪湯種餐包 ————

➤ 材料

基礎甜麵糰總重 ……… 1923g	
（作法見 P22）	
湯種麵糰 …………………… 100g	

【配料】（單顆）
乳酪醬 ……………………… 20g
高熔點乳酪塊 …………… 適量

【裝飾材料】
白芝麻 …………………… 適量

➤ 製作準備

基礎麵糰製作

① 將基本甜麵糰做好後，基本發酵 50 分鐘後取出。

② 在基本麵糰中加入湯種麵糰（湯種製作過程見 P67）。

分割與滾圓

③ 進行分割，一個麵糰分割約 40 公克。

整形與發酵

④ 將分割好的麵糰滾圓，呈現表面光滑的樣子，再蓋上塑膠袋進入中間發酵 40 分鐘。

⑤ 拿出發酵好的麵糰包入 20g 的乳酪及 1 顆高熔點乳酪塊。收口捏緊後朝下放在烤盤上。

⑥ 將麵糰逐一排列好於烤盤上，最後發酵時間約 50 分鐘。

調味與烘焙

⑦ 入爐之前在表面上刷薄薄的奶水。

⑧ 在麵糰表面放不同的裝飾食材，以利分辨口味。

⑨ 將烤箱預熱至指定溫度（上火 210℃、下火 170℃）烤焙時間約 12 分鐘烤至 8 分鐘時，將烤盤轉向再烤 4 分鐘即可，出爐時將烤盤稍輕敲，將熱氣排出，置放於架上放涼。

製作湯種的方法及祕訣

材料

高筋麵粉 ·············· 1000g
滾水 ····················· 1000g

作法

① 將所有材料備好（如圖1）

② 將滾水直接沖入麵粉中，攪拌至麵粉與水均勻成糰即可。（如圖2、3）

③ 待麵糰冷卻，噴少許食用油，放入塑膠袋內於冰箱冷藏，冷卻即可使用。（如圖4、5）

* 在冷藏可放5天，不用回溫，拿出來即可使用。

* 麵糰稍微壓扁方形，冷卻速度快，可較快使用。

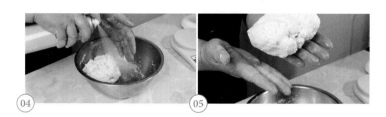

* 湯種適用於甜麵包、吐司、軟歐包及歐式麵包，使用比例以1000克麵粉：150克湯種。

經典台式鹹麵包

01. 香蔥肉鬆
02. 起士熱狗
03. 雙倍起士條
04. 酥皮雞肉卷
05. 洋蔥鮪魚沙拉船
06. 日式手卷
07. 鮮蔬總匯比薩
08. 可樂餅小漢堡

古早味口味，大人小孩接受度最高
香蔥肉鬆麵包

蔥花和肉鬆都為台式麵包之冠，受歡迎程度難以分出高下，將兩種口味合而為一在甜麵包的襯托之下，蔥花刺激香氣撲鼻而來，肉鬆鹹香口感增加飽足感。是一出爐就秒殺的經典麵包。

材料

基礎甜麵糰總重 ……… 1923g
（作法見 P22）

【青蔥餡】

青蔥	300g
全蛋	1 個
豬油	150g
鹽	8g
糖	8g

【調味】

美乃滋	適量
肉鬆	適量
海苔絲	適量

製作準備

基礎麵糰製作

(01) 將基本甜麵糰做好後，基本發酵 50 分鐘後取出。

分割與滾圓

(02) 進行分割，一個麵糰分割約 70 公克。

(03) 將分割好的麵糰滾圓，呈現表面光滑的樣子，再蓋上塑膠袋進入中間發酵 40 分鐘。

整形與發酵

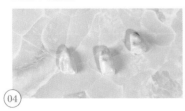

(04) 中間發酵完後，取出單一麵糰，切割成三等份。

(05) 用擀麵棍將麵糰上下擀開均勻，麵糰底部向下黏住工作桌。

(06) 長邊由上往下均勻捲起，收口朝下。

(07) 沾手粉於桌面及手上，左右壓住麵糰，均勻施力將麵糰搓長，將麵糰成為粗細一致。

(08) 將麵糰搓長約 20 公分，取 3 條長形麵糰，先將兩條左右交疊呈 V 字形，中間再放一條長形麵糰。

(09) 將 3 條長形麵糰頂部壓緊，先拿起最左邊的長形麵糰，跨過中間麵糰。

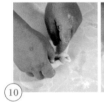   

(10) 再將右邊長條形麵糰跨過中間麵糰，如同綁辮子一般，依序完成。

(11) 最後剩下的麵糰，壓緊收尾。收口後，兩端稍微搓細，使形狀更好看。

(12) 放入長方形紙模，並蓋上塑膠袋，等待最後一次發酵約 45 分鐘。

調味與烘焙

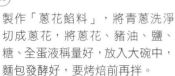

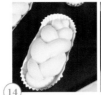

(13) 製作「蔥花餡料」，將青蔥洗淨切成蔥花，將蔥花、豬油、鹽、糖、全蛋液稱量好，放入大碗中，麵包發酵好，要烤焙前再拌。

小胖老師提醒

1. 蔥花餡料不需太早製作，以免軟化出水。
2. 蛋液不能放太多，目的只是將蔥花與調味料巴緊，更容易抹上麵包。
3. 不喜愛使用豬油者，可以食用油取代，但風味會差一點，可依個人喜好調整。
4. 用油分量不能自行減少太多，以免烤起來蔥花變焦黑。翠綠的蔥花，油量是關鍵。

(14) 麵糰最後發酵完成後拿出，於麵糰表面刷上薄一層全蛋液。

(15) 將適量的蔥花餡約 40g 放於辮子麵糰上。

小胖老師提醒

1. 分量不可過多。以免蔥花水分過多，麵糰還沒烤熟透蔥花已經焦黑。
2. 餡料的分量不可過多，因為餡料比重太多會影響麵包膨脹力。
3. 分量也不可太少。外觀及口感都會打折，分量適中才能提出美味口感。

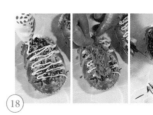

(16) 撒上白芝麻，增添香氣。

(17) 將烤箱預熱至指定溫度（上火 220℃、下火 170℃）烤焙時間約 15 分鐘烤至 10 分鐘時，將烤盤轉向再烤 5 分鐘即可，出爐時將烤盤稍輕敲，將熱氣排出，置放於架上放涼。

(18) 放涼後，於蔥花麵包擠上美乃滋，鋪上肉鬆及海苔絲即可。

完成

小孩詢問度最高，肉汁充滿嘴香

起士熱狗麵包

熱狗麵包是小孩子最喜歡的品項，飽滿的口感搭配香氣四溢的肉汁，誰能抵擋這樣的誘惑。又以麥穗狀整形手法，讓每一口咬下都能吃到豐富餡料，鹹甜滋味在口中跳躍著。

➡ 材料

基礎甜麵糰總重 ……… 1923g
（作法見 P22）

【餡料】

熱狗 ……………………… 4 條
起司 ……………………… 100g
全蛋液 …………………… 少許

美乃滋 …………………… 適量
乾燥蔥末 ………………… 少許

➡ 製作準備

基礎麵糰製作

01　將基本甜麵糰做好後，基本發酵 50 分鐘後取出。

分割與滾圓

02　進行分割，一個麵糰分割約 70 公克。

03　將分割好的麵糰滾圓，呈現表面光滑的樣子，再蓋上塑膠袋進入中間發酵 40 分鐘。

整形與發酵

04　中間發酵完成後，利用**擀**麵棍將麵糰均勻**擀**平、**擀**開，麵皮在最下方稍用力壓，黏在工作桌上。

05　將熱狗洗淨擦乾，置於麵皮上方，由上往下慢慢捲起，收口朝下。

06　剪刀以斜角剪麵糰，剪出奇數的 V 型切口。

⑦ 將麵糰小心的由上往下、一左一右向外翻。

⑧ 形完成後,並蓋上塑膠袋,等待最後一次發酵約 40 分鐘。

⑨ 最後,在發酵好的麵糰表面刷上蛋液,塗上美乃滋提味。

⑩ 均勻撒上起司絲,依個人喜好撒上黑胡椒。

⑪ 將烤箱預熱至指定溫度〈上火 210℃、下火 170℃〉烤焙時間約 15 分鐘,烤至 10 分鐘時,將烤盤轉向再烤 5 分鐘即可,出爐時將烤盤稍輕敲,將熱氣排出,置放於架上放涼。

⑫ 麵包放涼後,可於表面撒上乾燥蔥末裝飾。

完成

香濃口感，鬆軟好入口
雙倍起士條

喜歡起士的人絕不能錯過這款麵包，一口咬下不僅有起士濃郁鹹香，搭配鬆軟的甜麵包，越吃越香，吃完也不覺得負擔。

➤ 材料

基礎甜麵糰總重 ……… 1923g
（作法見 P22）

【配料】

帕瑪森起司粉 …………… 300g
起司絲 ……………………… 300g

甜醬（美乃滋）……… 少許
青蔥粉 …………………… 少許

➤ 製作準備

基礎麵糰製作

(01) 將基本甜麵糰做好後，基本發酵 50 分鐘後取出。

分割與滾圓

(02) 進行分割，一個麵糰分割約 100 公克。

(03) 將分割好的麵糰滾圓，呈現表面 光滑的樣子，再蓋上塑膠袋進入 中間發酵 40 分鐘。

整形與發酵

(04) 中間發酵完成後，一隻手輕握住麵 糰固定，另一手搓揉麵糰，使其呈 長條狀。

(05) 持續搓揉，使兩邊粗細均勻，長 度約 35 公分。

(06) 搓好之後在麵糰的表面噴上少許 的水，於表面沾上起司粉，接著 進入最後發酵，約 20 分鐘。

⑦ 發酵完畢後，再稍微噴水，以 S 型塗抹上自製甜醬或美乃滋。

⑧ 將起司絲切小段，以免不好使用。於麵糰表面，均勻撒上起司絲。

⑨ 將烤箱預熱至指定溫度（上火 230℃、下火 170℃）烤焙時間約 13 分鐘烤至 8 分鐘時，將烤盤轉向再烤 5 分鐘即可，出爐時將烤盤稍輕敲，將熱氣排出，置放於架上放涼。

⑩ 出爐時，可以擠上少許的甜醬，然後用毛刷將甜醬刷開，保持表面光亮賣相比較佳，等待麵包冷卻後再灑上乾燥蔥末裝飾即可。

完成

萬用甜醬作法大公開

擔心市售沙拉醬或美乃滋有化學添加物，可以自製甜醬取代，增加風味。建議一次不要做太多，使用完畢要放冰箱保存。

➤ 材料

全蛋 ·························· 1 顆
細砂糖 ····················· 30 克
沙拉油 ····················· 500 克

➤ 作法

① 取一大碗，將全蛋與細砂糖放入鋼盆打均勻。

② 接著，慢慢的加入沙拉油，打到全部的油加完變濃稠狀。

③ 將甜醬裝入三角袋，使用時將三角帶剪開即可（開口約 0.2 公分，不可太大）。

酥脆外衣，包裹豐富內餡超滿足
酥皮雞肉卷

這款麵包很適合重口味的大人吃，配料為熏雞、黑橄欖、起司和美乃滋，調理出來的內餡口感豐富又美味，假日自己在家做著吃，絕對不輸外面五星級飯店的麵包師傅。

➡ 材料

高筋麵粉 ················· 1000g
糖 ··························· 50g
鹽 ··························· 20g
酵母 ························ 10g
軟化無鹽奶油 ··········· 50g
水 ························· 630g

青蔥 ······················· 50g
香菜 ······················· 50g
去籽黑橄欖 ··············· 50g
麵糰總重 ··············· 1910g

【配料】（單顆）
熏雞肉 ····················· 20g
洋蔥 ······················· 10g
起士片 ····················· 1 片
美乃滋 ····················· 10g
黑胡椒粒 ··················· 適量
冷凍起酥片 ················ 1 片

➡ 製作準備

基礎麵糰製作

分割與滾圓

(01) 將麵糰（作法見 P22）做好後，倒入瀝乾的黑橄欖、青蔥末、香菜末，以慢速攪拌均勻。

小胖老師提醒
攪拌麵糰控制在溫度 26 度，使麵糰筋度完全擴展才倒入其他材料。

(02) 將加入的配料都攪拌均勻後，拿出放在鐵盤上，於麵糰上噴油後，蓋上塑膠袋，基本發酵 40 分鐘後取出。

(03) 取出分割一個為 60g 備用。

整形與發酵

(04) 將分割好的麵糰滾圓，呈現表面光滑的樣子，再蓋上塑膠袋進入中間發酵 40 分鐘。

(05) 中間發酵完，利用**擀麵棍**將麵糰均勻**擀**平、**擀**開，麵皮在最下方稍用力壓，黏在工作桌上。

(06) 接著，將起司片折對半，放在麵皮上半部 1/4 處。

(07) 依序放入熏雞肉、洋蔥絲。

(08) 美乃滋以 S 型塗抹在餡料上，最後撒上黑胡椒粒。

(09) 麵皮由上往下慢慢捲起，收口朝下。

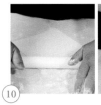

(10) 取出起酥片，用**擀麵棍**將起酥片**擀薄、大片**，約能將麵糰包起的大小即可。

小胖老師提醒

起酥片要使用時，事前先拿到室溫退冰約 15 分鐘，等麵包整形好，再將起酥一片擀開，包覆在麵糰的外層。

(11) 將麵糰放在起酥片正中央，先拿一角朝上方覆蓋麵糰。

(12) 接著，將左右兩邊的起酥片向內覆蓋上去。

調味與烘焙

(13) 最後,將麵糰往前推,使最後的
起酥片完全包覆麵糰,收口朝下,
覆蓋塑膠袋放置發酵 30 分鐘。

(14) 發酵完畢後,入爐前,拿叉子將
麵包表面插幾個小洞,約 20 個小
洞。

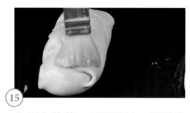

(15) 先刷上薄薄一層蛋黃液,再送進
烤箱。

(16) 將烤箱預熱至指定溫度(上火 240℃、下火 180℃)烤焙時間約 18 分鐘
烤至 10 分鐘時,將烤盤轉向再烤 8 分鐘即可,出爐時將烤盤稍輕敲,
將熱氣排出,置放於架上放涼。

完成

將健康營養放在麵包裡，飽足感十足
洋蔥鮪魚沙拉船

蔥和鮪魚罐頭都是家裡的常備食材，搖身一變成為麵包餡，不僅可以吃進營養，還能品嘗到美味。很適合當孩子的早餐喔。

▧ 材料

基礎甜麵糰總重 ········· 1923g
（作法見 P22）

【配料】

煙熏鮪魚 ················ 300g	美乃滋 ················ 適量
洋蔥絲 ················ 1 個	乾燥蔥末 ················ 少許
起司片 ················ 3 片	

▧ 製作準備

基礎麵糰製作

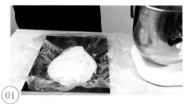

01 將基本甜麵糰做好後，基本發酵 50 分鐘後取出。

分割與滾圓

02 進行分割，一個麵糰分割約 70 公克。

03 將分割好的麵糰滾圓，呈現表面光滑的樣子，再蓋上塑膠袋進入中間發酵 40 分鐘。

整形與發酵

04 中間發酵完成後，利用擀麵棍將麵糰均勻擀平、擀開，麵皮在最下方稍用力壓，黏在工作桌上。

05 將鮪魚瀝汁，置於麵皮上方，再放入洋蔥絲。

06 由上往下慢慢捲起，收口朝下，放入烘焙模紙裡。

調味與烘焙

(07)

接著，在麵糰的表面上放上兩片起司，進行最後發酵 50 分鐘。

小胖老師提醒

最後發酵的時候要注意，不能夠讓起司片乾燥，所以大約每隔 15 分鐘就要在表面上噴薄薄的水，起司才會跟著麵糰一起變大，烘烤時才不會斷裂、烤焦。

(08)

入爐前，可在麵糰表面擠上 S 型的美乃滋，作為裝飾。出爐後，可在表面撒上些許的乾燥蔥末，點綴一下顏色會更漂亮更好看。

(09)

將烤箱預熱至指定溫度（上火 190℃、下火 170℃）烤焙時間約 16 分鐘，烤至 12 分鐘時，將烤盤轉向再烤 4 分鐘即可，出爐時將烤盤稍輕敲，將熱氣排出，置放於架上放涼。

完成

調理鹹麵包，是最受大小孩青睞的款式。

經典口味重現，配料可隨機變化
日式手卷

這款麵包是我在大飯店當師傅時研發出來，記得當時很多人都在出爐時間排隊品嘗美味，裡面的配料可依家裡食材隨機變化，用紙捲的方式吃起來也很方便不沾手。

➡ 材料

基礎甜麵糰總重 ……… 1923g
（作法見 P22）

【配料】

全蛋 ……………………… 1 顆		花生粉 …………………… 適量	
白芝麻 …………………… 少許		香菜 ……………………… 適量	
沙拉醬 …………………… 適量		苜蓿芽 …………………… 適量	
海苔片 …………………… 2 片		炒蛋 …………………… 2 顆量	
起司片 ………………… 4～5 片		火腿 ………………… 4～5 片	

➡ 製作準備

基礎麵糰製作

01

將基本甜麵糰做好後，基本發酵
50 分鐘後取出。

分割與滾圓

02

進行分割，一個麵糰分割約 700
公克。

03

分割好之後，將麵糰放入烤盤，
底部要噴上一層薄薄的油防止沾
黏。

整形與發酵

04

將麵糰均勻鋪平，以便之後的整形
動作。蓋上塑膠袋，進行中間發酵
20 分鐘。（烤盤長 32.5 公分 × 寬
39.5 公分 × 高 2 公分）

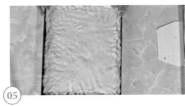

05

中間發酵完畢，取出用雙手將麵
糰壓至烤盤一樣大小。

06

並用手指稍微將麵糰搓洞，讓麵
糰有空間發酵，進入最後發酵 20
分鐘，或膨脹到烤盤一樣高。

09

將烤箱預熱至指定溫度（上火210℃、下火170℃）烤焙時間約22分鐘烤15分鐘時，將烤盤轉向再烤7分鐘即可，出爐時將烤盤稍輕敲，將熱氣排出，置放於架上放涼。

07
發酵完畢後，麵糰發到跟烤盤一樣高的高度，在表面上刷上一層薄薄的全蛋液。

08
撒上白芝麻後，即可進入烤箱。

10
麵包放涼後，將麵包對半縱切，切至寬度5.5公分，長度維持不變。

11
接著進行裝飾，裝飾的時候將麵糰的底部朝上，均勻抹上沙拉醬。

12
依序放入海苔片、起司片。

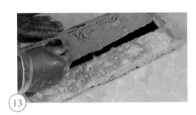

(13) 接著，放上花生粉、香菜末。

(14) 依個人喜好可以放苜蓿芽、炒蛋，增加口感。

(15) 最後鋪上火腿片，即可。

(16) 從餡料多的一邊，往內捲，一邊捲一邊稍微輕壓，將整個餡料捲起來，收口朝下。

(17) 取一張烘焙紙，將麵包捲起，固定約 20 分鐘。最後再切成自己喜歡的大小。

完成

千變萬化，可依個人喜好更換材料

鮮蔬總匯披薩

當披薩的薄餅變成麵糰，混合著不同食材，不論是香氣和口感都更加濃郁、紮實。蔬菜建議使用根莖類，例如甜椒、洋蔥等較耐烘烤、不易變色。

➡ 材料

基礎甜麵糰總重 ……… 1923g
（作法見 P22）

【餡料】

洋蔥絲 ……………………… 1 個	番茄醬 ………………………… 適量
紅黃椒絲 ……………… 各半顆	美乃滋 ………………………… 適量
起司絲 ………………………… 300g	乾燥蔥末 …………………… 少許

➡ 製作準備

基礎麵糰製作

01
將基本甜麵糰做好後，基本發酵 50 分鐘後取出。

分割與滾圓

02
進行分割，一個麵糰分割約 30 公克。

03
將分割好的麵糰滾圓，呈現表面光滑的樣子，再蓋上塑膠袋進入中間發酵 40 分鐘。

整形與發酵

04
中間發酵完成後，利用手壓將麵糰均勻攤開，麵皮在最下方稍用力壓，黏在工作桌上。

05
由上往下慢慢捲起，收口朝下，每個麵糰長度約 9公分。

小胖老師提醒

整形成橢圓形麵糰時，可以用手或是擀麵棍，差別在於用擀過的吃起來口感比較韌；用手壓吃起來較軟 Q。

06
4 個麵糰擺放距離的間隔約 1 公分，接著進入最後發酵約 40 分鐘。

調味與烘焙

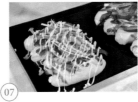

07
最後發酵完成後，表面刷上番茄醬，放入洋蔥、紅黃椒絲及美乃滋。

08
接著，起司絲切小段，以免不好使用。於麵糰表面，均勻撒上起司絲。

入模與烘烤

09
將烤箱預熱至指定溫度（上火 220℃、下火170℃）烤焙時間約 18 分鐘烤至 12 分鐘時，將烤盤轉向再烤 6 分鐘即可，出爐時將烤盤稍輕敲，將熱氣排出，置放於架上放涼。

10
出爐時，乘熱撒上香蔥末，讓香氣更加十足。

小胖老師提醒

如果冷卻時再撒蔥末，可以讓蔥末保持翠綠。

完成

難易度

小孩最愛，吃巧也吃飽
可樂餅小漢堡

吃漢堡不用再到速食店，用自製的小漢堡夾入喜歡的餡料，不受被店家的配方局限，還能
發揮無限創意，讓孩子一起加入製作過程一定更有趣。

材料

基礎甜麵糰總重 ········ 1923g
（作法見 P22）
黑白芝麻 ····················· 適量

【餡料】

可樂餅 ····················· 3～5 個
起司片 ····················· 3～5 片
生菜葉 ····················· 5～8 片

苜蓿芽 ····················· 50g
大番茄 ····················· 3～5 片
美乃滋 ····················· 適量

製作準備

基礎麵糰製作

01 將基本甜麵糰做好後，基本發酵
50 分鐘後取出。

分割與滾圓

02 進行分割，一個麵糰分割約 50 公
克。

03 將分割好的麵糰滾圓，呈現表面
光滑的樣子，再蓋上塑膠袋進入
中間發酵 40 分鐘。

整形與發酵

04 中間發酵完後，整形時將麵糰滾圓
底部捏緊。

05 稍微按壓後，使麵包膨脹的力道
比較均勻。

06 噴點水，灑上黑白芝麻，直接最
後發酵時間約 50 分鐘。

調味與烘焙

(07)

將烤箱預熱至指定溫度（上火
220℃、下火 170℃）烤焙時間約
12 分鐘烤至 8 分鐘時，將烤盤轉
向再烤 4 分鐘即可，出爐時將烤
盤稍輕敲，將熱氣排出，置放於
架上放涼。

(08)

出爐放涼後，以麵包刀將圓形餐
包對半切開。

(09)

於兩片麵包中間夾入，洗淨瀝乾
的新鮮生菜葉及苜蓿芽。

(10)

接著，依個人喜好夾入大番茄片、
起司片。

(11)

放入炸好放涼的可樂餅（或是豬
肉餅等）。

(12)

夾入小黃瓜片，擠上美乃滋醬。

(13)

最後蓋上麵包，即可食用。

完成

PART4

人氣 NO.1 百變吐司

01. 鮮奶脆皮吐司

02. 拔絲吐司

03. 紅豆吐司

04. 雙倍熔岩起司吐司

05. 巧克力吐司

06. 藍莓吐司

　　變化款——藍莓巨蛋歐包

07. 全麥黑糖吐司

　　變化款——全麥核桃歐包

08. 雜糧八寶吐司

　　變化款——花圈雜糧歐包

09. 醇香桂圓吐司

　　變化款——阿比桂圓歐包

10. 茶香荔枝吐司

　　變化款——抹茶荔枝歐包

11. 番茄波士頓吐司

　　變化款——番茄波士頓蛋糕

　　變化款——番茄起司比薩

難易度

口感綿密，正港濃、醇、香！

鮮奶脆皮吐司

鮮奶吐司不論是直接吃，或做成三明治都很適合，外酥內軟的口感，不論大人小孩都會為它著迷。

➤ 材料

【隔夜種材料】
常溫牛奶 ·············· 500g
乾酵母 ················· 2g
高筋麵粉 ·············· 700g

【主麵糰】
隔夜種 ·············· 全下
（作法見 P103）
糖 ··················· 100g
鹽 ···················· 12g
鮮奶 ················· 200g
高筋麵粉 ·············· 300g
乾酵母 ················· 8g
無鹽奶油 ·············· 100g

總重 ··············· 1922g
所有的麵糰會因為麵粉的吸水性不
一樣，水分需要做微調，微調重量
約 20 ～ 50g。打好的麵糰觸感最好
是軟軟 QQ，像麻糬。

➤ 製作準備

基礎麵糰製作

(01) 將所有材料秤好，備用。

(02) 依 P23 製作「甜麵糰」的方式做好後，基本發酵 50 分鐘後取出。

分割與滾圓

(03) 進行分割，一個麵糰分割約 250 公克。

小胖老師提醒
一個麵糰可以分割成 250 克的兩個小麵糰為一組，一條吐司是 500 克。

整形與發酵

(04) 分割好之後，將麵糰搓呈長條狀放在烤盤，噴上少許油，蓋上一層塑膠袋，進行中間發酵約 30 分鐘。

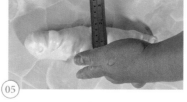

(05) 中間發酵後取出，麵糰約長度 23 公分 X 寬度 6 公分。

(06) 將麵糰輕拍擠出空氣，稍微拉長成長方形，長至 45 公分。

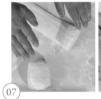

(07) 接著，由上往下向內捲起，呈橢圓形，收口朝下。

(08) 將捲好的麵糰，靠左右兩邊放入吐司模中。

(09) 放入吐司模，進行最後發酵約九分滿。

小胖老師提醒
當麵糰發酵至吐司模約九分滿，表面噴少許水即可入爐。

....

調味與烘焙

(10)
將烤箱預熱至指定溫度（上火150℃、下火240℃）烤焙時間約30分鐘，烤至20分鐘時，表面有上色的時候再調頭，將烤盤轉向再烤10分鐘即可，出爐時將烤盤稍輕敲，將熱氣排出，置放於架上放涼。

(11) 最後乘熱刷上奶水，讓表面光亮有賣相。

完成

鮮奶吐司——隔夜種備料作法

需前一天拌好放冷藏

➤ 材料

常溫牛奶 ······················ 500g
乾酵母 ···························· 2g
高筋麵粉 ······················ 700g

➤ 作法

01. 先將牛奶放室溫約 20℃以上，回溫。將酵母倒入牛奶中攪拌溶解。

02. 先將高筋麵粉放入鋼盆中，再放入牛奶酵母，用槳狀攪拌棒開中速拌 2 分鐘即可。

03. 室溫發酵 20 分鐘後，再放入冷藏（至少12 最多不超過15 小時）。

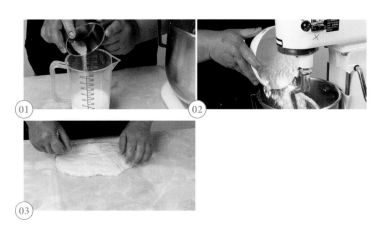

難易度

香甜滋味，一吃停不下！
拔絲吐司

你有試過吃一片吐司不夠，接著吃第二片、第三片，回過頭半包吐司都吃完了經驗嗎？這款拔絲吐司就有這樣的魔力，用最簡單的配方，但透過整形法讓吐司變得柔軟細緻，好吃到停不下來。

材料

【隔夜種材料】
常溫水 ························· 430g
乾酵母 ························· 2g
高筋麵粉 ····················· 400g
（作法見 P107）

【主麵糰】
隔夜液種 ····················· 全下
糖 ····························· 100g
鹽 ····························· 12g
冰塊 ··························· 100g
常溫水 ························· 100g
高筋麵粉 ····················· 600g
乾酵母 ························· 8g
無鹽奶油 ····················· 100g

總重 ··························· 1852g
所有的麵糰會因為麵粉的吸水性不一樣，水分需要做微調，微調重量約 20～50g。打好的麵糰觸感最好是軟軟 QQ，像麻糬。

製作準備

基礎麵糰製作

01 將所有材料秤好，備用。

02 依 P23 製作「甜麵糰」的方式做好後，基本發酵 50 分鐘後取出。

分割與滾圓

03 進行分割，一個麵糰分割約 160 公克。

小胖老師提醒
一個麵糰可以分割成 160 克的三個小麵糰為一組，一條吐司是 480 克。

整形與發酵

04 將分割好的麵糰滾圓，呈現表面光滑的樣子，再蓋上塑膠袋進入中間發酵 40 分鐘。

05 取出中間發酵的麵糰，利用擀麵棍將麵糰均勻擀平、擀開。

06 接著翻面，將麵皮在最下方稍用力壓，黏在工作桌上。

調味與烘焙

07

由上往下慢慢捲起，收口朝下。

08

將三個麵糰都整形成長圓形。

09

將麵糰彎成 U 字形，一上一下排列。

10

放入吐司模中。

11

蓋上吐司模蓋，進行最後發酵約九分滿。

12

將烤箱預熱至指定溫度（上火210℃、下火230℃）烤焙時間約32 分鐘，烤至 20 分鐘時，將烤盤轉向再烤 12 分鐘即可，出爐時將烤盤稍輕敲，將熱氣排出，置放於架上放涼。

完成

隔夜液種作法

▶ 材料

常溫水 ···················· 430g
乾酵母 ····················· 2g
高筋麵粉 ················ 400g

▶ 作法

(01) 將酵母倒入水（水溫約 25℃～35℃）中拌勻溶解。

(02) 將酵母水倒入高筋麵粉鋼盆中攪拌均勻即可。

  * 麵糰放入鋼盆中，麵糰約鋼盆的一半。

(03) 鋼盆用保鮮膜蓋好不透風，在室溫放置1小時，再放於冷藏室（冷藏時間約 12 小時，最久不可超過 15 小時）。

滿滿紅豆餡，大人小孩的熱門款
紅豆吐司

香濃的紅豆餡做成吐司，是大人小孩最愛吃的其中一款麵包。不論是當早餐搭配牛奶，或是下午茶搭配一杯咖啡享用，都是非常適合享受。

📑 材料

【隔夜種】
乾酵母 ………………………… 2g
水 ……………………………… 400g
高筋麵粉 ……………………… 700g
（作法見 P107）

【主麵糰】
隔夜種 ………………………… 全下
糖 ……………………………… 100g
鹽 ……………………………… 14g
冰塊 …………………………… 150g
鮮奶 …………………………… 100g
乾酵母 ………………………… 8g
高筋麵粉 ……………………… 300g
無鹽奶油 ……………………… 100g

【餡料】
紅豆泥 ………………………… 100g

總重 …………………………… 1874g
所有的麵糰會因為麵粉的吸水性不
一樣，水分需要做微調，微調重量
約 20～50g。打好的麵糰觸感最好
是軟軟 QQ，像麻糬。

📑 製作準備

基礎麵糰製作

01
將基本甜麵糰做好後，基本發酵
50 分鐘後取出。

分割與滾圓

02
取出發酵好的麵糰後進行分割，
一個麵糰分割約 500 公克。

03
分割好的麵糰因為比較大顆，可
以放在手上稍微整成圓形。進行
中間發酵 40 分鐘。

整形與發酵

04
取出中間發酵的麵糰，利用擀麵棍
將麵糰均勻擀平、擀開，麵皮在最
下方稍用力壓，黏在工作桌上。

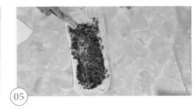

05
於麵皮均勻抹上紅豆內餡約 100
公克。

06
由上往下慢慢捲起，收口朝下。

07

拿小刀在麵糰表面均勻割幾道開口，作為造形。

08

放入吐司模，等待最後發酵約烤模的八分滿。

調味與烘焙

09

入爐前，在吐司上面刷薄薄的蛋液，再灑上些許的白芝麻裝飾。

10

將烤箱預熱至指定溫度（上火150℃、下火235℃）烤焙時間約33分鐘，烤至20分鐘時，表面有上色的時候再調頭，將烤盤轉向再烤13分鐘即可，出爐時將烤盤稍輕敲，將熱氣排出，置放於架上放涼。

11

最後乘熱刷上奶水，讓表面光亮有賣相。

完成

難易度

口感綿密，正港濃、醇、香！

雙倍熔岩起司吐司

起司吐司不論是直接吃，或做成三明治都很適合，外酥內軟的口感，不論大人小孩都會為它著迷。

材料

【主麵糰】

隔夜液種（作法見 P107）

....全下

糖	100g
鹽	12g
常溫水	100g
冰塊	100g
高筋麵粉	600g
乾酵母	8g
無鹽奶油	100g

總重 1920g

所有的麵糰會因為麵粉的吸水性不一樣，水分需要做微調，微調重量約 20 ～ 50g。打好的麵糰觸感最好是軟軟 QQ，像麻糬。

【配料】（單顆）

高熔點起司丁	70g
起司絲	100g

製作準備

基礎麵糰製作

01 將基本甜麵糰做好後，基本發酵 50 分鐘後取出。

分割與滾圓

02 取出發酵好的麵糰後進行分割，一個麵糰分割約 500 公克。

03 分割好的麵糰因為比較大顆，可以放在手上稍微整成圓形。進行中間發酵 40 分鐘。

整形與發酵

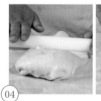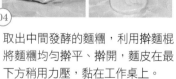

04 取出中間發酵的麵糰，利用**擀**麵棍將麵糰均勻**擀**平、**擀**開，麵皮在最下方稍用力壓，黏在工作桌上。

05 將麵糰輕拍擠出空氣，稍微拉長成方形，長至 45 公分。

06 將高熔點起司丁約 70g，均勻鋪在麵糰上。

(07) 由上往下慢慢捲起，收口朝下。

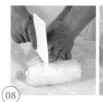

(08) 捲起後，以切麵刀在麵糰上輕畫 3 等分為記號。

(09) 確認平均 3 等分後，用切麵刀將麵糰切成 3 等分。

調味與烘焙

(10) 將麵糰內餡朝上，放入吐司模。

(11) 在麵糰上，撒上適量的起司絲。

小胖老師提醒

撒完後每隔 20 分鐘噴上少許水，讓披薩絲保水，不然會乾掉。

(12) 進行最後發酵約八分滿。

(13) 將烤箱預熱至指定溫度（上火 150℃、下火 235℃）烤焙時間約 30 分鐘，烤至 20 分鐘時，表面有上色的時候再調頭，將烤盤轉向再烤 10 分鐘即可，出爐時將烤盤稍輕敲，將熱氣排出，置放於架上放涼。

(14) 最後乘熱刷上甜醬，讓表面光亮有賣相。

完成

滋味濃郁，小孩直呼好幸福！

香濃巧克力吐司

做好一款麵糰可以變化出多樣化的麵包、吐司，這次變化成坊間較少見到的巧克力吐司，再包入香甜的水滴巧克力 ，成品不甜不膩好誘人。

材料

【材料】		【主麵糰】		【內餡配方】	
水	300g	巧克力液種	全下	水滴巧克力	適量
乾酵母	2g	（作法見 P119）			
動物鮮奶油	100g	高筋麵粉	700g	總重	1992g
可可粉	40g	糖	80g		
高筋麵粉	300g	鹽	12g		
		乾酵母	8g		
		水	300g		
		湯種麵糰（作法見 P67）150g			

所有的麵糰會因為麵粉的吸水性不一樣，水分需要做微調，微調重量約 20～50g。打好的麵糰觸感最好是軟軟 QQ，像麻糬。

製作準備

基礎麵糰製作

01 將所有材料秤好，備用。

02 首先，將水倒入巧克力液種中，用刮板拌勻。

03 先換成勾狀攪拌棒，將液種跟水倒入鋼盆。

04 放入糖、鹽巴。

05 加入湯種麵糰，慢速攪拌約 20 秒。

06 等待同時，將酵母粉倒入高筋麵粉中拌勻。

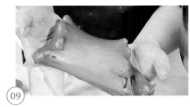

07 接著，直接將拌好的酵母高筋麵粉倒入鋼盆中，持續以慢速攪拌，拌到所有材料均勻，開中速攪拌約 4 分鐘。

08 攪拌至七分筋，呈現麵糰表面光滑，再加入無鹽奶油。

09 打勻至麵糰可拉出薄膜即可。

分割與滾圓

10 麵糰滾圓，收口朝下，抹上少許油，蓋上塑膠袋進行基本發酵 50 分鐘。

小胖老師提醒————
麵糰溫度要保持 25 度，使麵糰筋度完全擴展。

11 進行分割，一個麵糰分割約 250 公克。

12 分割好之後，將麵糰搓呈長條狀放在烤盤，噴上少許油，蓋上一層塑膠袋，進行中間發酵約 30 分鐘。

整形與發酵

13 中間發酵後取出麵糰，將麵糰輕拍擠出空氣，稍微拉長約 45 公分。

14 將水滴巧克力平均鋪於麵皮上。

小胖老師提醒————
一顆麵糰包入水滴巧克力約 30g（一條吐司是兩顆麵糰，包入總重約 60g）。

 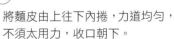

15 將麵皮由上往下內捲，力道均勻，不須太用力，收口朝下。

調味與烘焙

16 將捲好的巧克力麵糰，放入吐司模，進行最後發酵，高度約跟模子一樣高。

17 最後發酵讓麵糰膨脹至吐司模，約十分滿即可烤培，入爐前噴少許水。

18 最後發酵好之後，將烤箱預熱至指定溫度（上火 150℃、下火 235℃）烤焙時間約 33 分鐘，烤至 20 分鐘時，將烤盤轉向再烤 13 分鐘即可，出爐時將烤盤稍輕敲，將熱氣排出，置放於架上放涼。

小胖老師提醒——

乘熱於麵包表面塗上一層奶水，看起來光滑、賣相更佳。

完成

巧克力液種的作法 ———————

需前一天先做好備用

➤➤ 材料

水 ·························· 300g
乾酵母 ····················· 2g
動物鮮奶油 ················ 100g
可可粉 ···················· 40g
高筋麵粉 ················· 300g

總重 ····················· 742g

➤➤ 作法

01 常溫水先跟酵母溶解。

02 將高筋麵粉、可可粉、動物鮮奶油及酵母水倒入鋼盆，開慢速拌均勻。

03 拌好後會呈現很軟的麵糊狀態，要放入比麵糊大一倍的鋼盆。

04 用保鮮膜將鋼盆封好阻隔空氣進入後，放在室溫約 1 個小後，直接放入冷藏保存即可隔天備用，冷藏放 12 個小時即可使用，最多放置 15 個小時。

04 液種會呈現蜂窩組織狀。

布魯藍莓吐司

淡淡紫色吐司，飄出陣陣莓香，最適合搭配莓類的果醬一起吃，不妨試做這款吐司，來場貴婦版的下午茶。

➤ 材料

【材料】

常溫水 ························ 430g
乾酵母 ··························· 2g
高筋麵粉 ·················· 500g
藍莓果醬 ·················· 200g

【主麵糰】

藍莓液種 ·················· 全下
（作法見 P123）
糖 ··························· 80g
鹽 ··························· 12g
高筋麵粉 ·················· 500g
乾酵母 ······················ 10g
無鹽奶油 ··················· 50g
湯種麵糰（作法見 P67）150g

總重 ···················· 1904g

所有的麵糰會因為麵粉的吸水性不
一樣，水分需要做微調，微調重量
約 20 ～ 50g。打好的麵糰觸感最好
是軟軟 QQ，像麻糬。

➤ 製作準備

基礎麵糰製作

01 將所有材料秤好，備用。

02 接著，倒入糖、鹽。

03 放入湯種麵糰。（切成半顆拳頭大小，再放入鋼盆中。）

04 倒入藍莓液種後，開慢速攪拌，約 1 分鐘。

05 等待同時，另一邊將酵母倒入高筋麵粉中，混合均勻。

06 將無鹽奶油、高粉酵母放入麵粉中攪拌。

小胖老師提醒
因為此款麵糰的無鹽奶油只有 50g，
容易拌勻，所以可直接放入麵粉攪拌。

(07) 直接將混入酵母及無鹽奶油的高粉倒入鋼盆中攪拌。

(08) 攪拌至所有材料成糰均勻，再轉至中速打至麵糰完全擴展。取出一部分麵糰，可以用雙手拉出薄膜時，表示「完全擴展」。

(09) 麵糰稍微向內收圓，收口朝下，麵糰抹上少許油，蓋上塑膠袋。放入溫暖密閉的空間，發酵約 50 分鐘，至原本麵糰的兩倍大，即完成基本發酵。

分割與滾圓

(10) 進行分割，一個麵糰分割約 250 公克。

小胖老師提醒

一個麵糰可以分割成 250 克的兩個小麵糰為一組，一條吐司是 500 克。

(11) 分割好的麵糰稍微拍平，將麵糰輕拍擠出空氣。

(12) 麵皮翻面，麵皮在最下方稍用力壓，黏在工作桌上。

整形與發酵

(13) 將麵糰由上往下捲成長條狀放在烤盤，噴上少許油，蓋上一層塑膠袋，進行中間發酵約 30 分鐘。

(14) 中間發酵後取出，將麵糰輕拍擠出空氣，稍微拉長至 45 公分。

(15) 接著，由上往下向內捲起，呈橢圓形，收口朝下。

調味與烘焙

(16) 將捲好的麵糰,靠左右兩邊放入吐司模中。

(17) 放入吐司模,進行最後發酵約十分滿。

(18) 將烤箱預熱至指定溫度(上火 150℃、下火 235℃)烤焙時間約 30 分鐘,烤至 20 分鐘時,表面有上色的時候再調頭,將烤盤轉向再烤 10 分鐘即可,出爐時將烤盤稍輕敲,將熱氣排出,置放於架上放涼。

完成

藍莓液種作法

➡ 材料

常溫水	400g
乾酵母	2g
高筋麵粉	500g
藍莓果醬	200g

➡ 作法

(01) 將酵母倒入水中拌勻溶解。

(02) 再將高筋麵粉、果醬放入鋼盆中拌勻。

　　* 麵糰放入鋼盆中,麵糰約鋼盆的一半。

(03) 鋼盆用保鮮膜蓋好不透風,在室溫放置 2 小時,再放於冷藏室(冷藏時間約 12 小時,最久不可超過 15 小時)。

變化款 藍莓巨蛋歐包

製作準備

基礎麵糰製作

01

將藍莓麵糰做好後，基本發酵 50 分鐘後取出。

分割與滾圓

02

取出發酵好的麵糰後進行分割，一個麵糰分割約 200 公克。

03

分割好的麵糰因為比較大顆，可以放在手上稍微整成圓形。進行中間發酵 40 分鐘。

整形與發酵

04 將整型的好麵糰，切下 1/5 備用。

05 將切下來的麵糰，用手稍微滾圓，收口朝下。

06 將另一個麵糰，用手掌輕壓把空氣擠出來。

07 將剛剛小的麵糰放在大麵糰的正上方，收口朝下放。

08 將左右兩邊的麵皮，朝向中央收緊，包住小麵糰。

09 接著，上下麵皮也向中央收緊，在收口的地方稍微壓緊，轉正面。

調味與烘焙

10 準備一盆高筋麵粉，將整個麵糰都沾到適量麵粉。

11 利用小刀在麵糰中央畫 X 字形，不切斷。即可進入最後發酵 35 分鐘。

12 最後發酵完成後，入爐烘烤。

13 將烤箱預熱至指定溫度（上火 230℃、下火 180℃）烤焙時間約 18 分鐘，烤至 12 分鐘時，表面有上色的時候再調頭，將烤盤轉向再烤 6 分鐘即可，出爐時將烤盤稍輕敲，將熱氣排出，置放於架上放涼。

小胖老師提醒

在烤培時，如果是使用蒸氣烤箱的話，噴蒸氣的時機是，麵包入爐後關上門直接噴 5 秒。

完成

麥香十足，增添乾果豐富口感

全麥黑糖核桃吐司

用全麥麵粉來做吐司，可以吃的健康又美味，搭配些許核桃和葡萄乾，在口中咀嚼，散發出麥香、葡萄乾甜味及核桃的口感，可以多攝取纖維質。

➤ 材料

【隔夜種】（前一天打好放冷藏）
水 …………………… 400g
乾酵母 …………………… 2g
高筋麵粉 …………………… 700g
（作法見 P107）

【全麥種】（前一天打好放冷藏）
全麥粉 …………………… 200g
水 …………………… 250g
砂糖 …………………… 100g
（作法見 P131）

【蜂蜜種】（前一天打好放冷藏）
高筋麵粉 …………………… 250g
蜂蜜 …………………… 50g
鹽 …………………… 2g
酵母 …………………… 2g
水 …………………… 150g
（作法見 P131）

【主麵糰】
隔夜種 …………………… 全部下
全麥液種 …………………… 全部下
蜂蜜種 …………………… 全部下
鹽 …………………… 12g
高筋麵粉 …………………… 100g
乾酵母 …………………… 10g
無鹽奶油 …………………… 50g
核桃 …………………… 150g

總重 …………………… 2428g
所有的麵糰會因為麵粉的吸水性不
一樣，水分需要做微調，微調重量
約 20 ～ 50g。打好的麵糰觸感最好
是軟軟 QQ，像麻糬。

【餡料】（單顆）
黑糖粉 …………………… 20g
葡萄乾 …………………… 100g

➤ 製作準備

基礎麵糰製作

01
將所有材料秤好，備用。

02
將全麥液種、蜂蜜種及隔夜種（分
割約半個全頭大）倒入鋼盆中，
以慢速攪拌。

03
接著，倒入鹽於鋼盆中，用慢速
攪拌約 1 分鐘。

04
另外，將乾酵母事先倒入高筋麵粉
中，拌勻。

05
均勻攪拌後，倒入酵母高粉。

06
持續開慢速攪打至麵糰不沾黏鋼
盆，轉為中速持續攪拌 3 分鐘。

07 加入無鹽奶油，用慢速攪拌均勻。

08 攪拌至無鹽奶油均勻融合至麵糰之中。攪拌至鋼盆邊的無鹽奶油無沾黏，再轉至中速打至麵糰完全擴展。

09 接著，取出一部分麵糰，可以用雙手拉出薄膜時，表示「完全擴展」。

10 於鋼盆中倒入核桃，持續開慢速攪拌 20 秒（均勻即可）。

11 麵糰取出放在鐵盤上，並稍微向內收圓，收口朝下，麵糰抹上少許油，蓋上塑膠袋。放入溫暖密閉的空間，發酵約 50 分鐘，至原本麵糰的兩倍大，即完成基本發酵。

分割與滾圓

12 取出發酵好的麵糰後進行分割，一個麵糰分割約 250 公克。

⑬ 分割好的麵糰因為比較大顆，可以放在手上稍微整成圓形。

⑭ 將整型好的麵糰放在烤盤上，要預留適當空隙，進行中間發酵 40 分鐘。

整形與發酵

⑮ 取出中間發酵的麵糰，利用**擀麵棍**將麵糰均勻**擀平**、**擀開**，麵皮在最下方稍用力壓，黏在工作桌上。

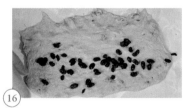

⑯ 先均勻舖上適當的葡萄乾。一個麵糰包入葡萄乾約 60 公克。

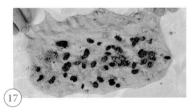

⑰ 接著，均勻撒上黑糖粉，約 20g。

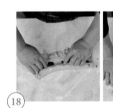

⑱ 由上往下慢慢捲起，收口朝下。

(19) 稍微將麵糰兩端搓長至 38 公分，並將兩端收緊。

(20) 接著，將兩條麵糰交叉，像編辮子一樣往下編，收口朝下。

(21) 再往上編辮子，依自己的吐司模大小調整長度，收口朝下。

調味與烘焙

(22) 放入吐司模，進行最後發酵約八分滿。

(23) 入爐前撒上適當高筋麵粉，作裝飾。

(24) 將烤箱預熱至指定溫度（上火 150℃、下火 235℃）烤焙時間約 30 分鐘，烤至 20 分鐘時，表面有上色的時候再調頭，將烤盤轉向再烤 10 分鐘即可，出爐時將烤盤稍輕敲，將熱氣排出，置放於架上放涼。

完成

全麥黑糖核桃吐司備料作法

「全麥種」是讓水分和全麥麵粉可以充分融合，麵粉裡的蛋白質就會和水分結合形成筋膜，可以讓麵糰更容易打出薄膜，且吃起來更柔軟。

全麥種（前一天拌好放冷藏）

➥ 材料

全麥粉 ···························· 200g
砂糖 ······························ 100g
常溫水 ·························· 250g

➥ 作法

(01) 將全麥粉、砂糖、水放入鋼盆中，開慢速攪拌。

(02) 當大部分的麵粉都成糰，攪拌均勻即可。

　　* 麵糰會呈現濕黏、沾手的狀態，手上沾黏的麵糰可以用刮板刮下。

(03) 蓋上保鮮膜，放於冷藏至 12 個小時，最多 48 個小時。

　　* 建議在做吐司前一天拌好放冷藏，以便隨時使用。

　　* 因為沒有酵母，不會發酵，可以放數天。

蜂蜜種

➥ 材料

高筋麵粉 ······················ 250g
蜂蜜 ······························· 50g
鹽 ·································· 2g
酵母 ································ 2g
水 ·································· 150g
總重 ······························ 454g

➥ 作法

(01) 酵母先與常溫水拌均溶解。

(02) 接著，將所有材料一起倒入鋼盆中，開中速打 3 分鐘攪拌成糰約五分筋，麵糰沒有硬塊即可。

(03) 塑膠袋內噴上一點油後，麵糰放入塑膠袋內，在室溫放 20 分鐘後直接放入冷藏即可，不用壓平，整顆麵糰放置隔天至 12 個小時，最多 48 個小時。

變化款 **全麥核桃歐包**

➤ **製作準備**

基礎麵糰製作

① 將全麥麵糰做好後，基本發酵 50 分鐘後取出。

分割與滾圓

② 取出發酵好的麵糰後進行分割，一個麵糰分割約 250 公克。

③ 分割好的麵糰因為比較大顆，可以放在手上稍微整成圓形。進行中間發酵 40 分鐘。

整形與發酵

(04) 將整形的好麵糰，切下 1/5 備用。

(05) 將切下來的麵糰，用手稍微滾圓，收口朝下。

(06) 將另一個麵糰，用手掌輕壓把空氣擠出來。

(07) 翻面，下方麵糰壓緊在工作檯上。

(08) 把小麵糰放在麵皮上方，在由上往下捲起，收口朝下。

(09) 將整個小麵糰包覆，成橄欖球狀。

調味與烘焙

(10) 將整個麵糰沾上些許高筋麵粉。

(11) 利用小刀在麵糰上左右各斜切 6 道刻痕。即可進入最後發酵 35 分鐘後，入爐烘烤。

(12) 將烤箱預熱至指定溫度（上火 230℃、下火 180℃）烤焙時間約 15 分鐘，烤至 10 分鐘時，表面有上色的時候再調頭，將烤盤轉向再烤 5 分鐘即可，出爐時將烤盤稍輕敲，將熱氣排出，置放於架上放涼。

小胖老師提醒

在烤培時，如果是使用蒸氣烤箱，噴蒸氣的時機是，麵包放入烤箱後關上門直接噴 5 秒。

完成

花豆香氣十足，增添豐富口感

雜糧八寶吐司

雜糧液種做好後，可以變化成多款麵包，搭配自己喜歡吃的堅果類、豆類，將喜愛的蔬果雜糧添加在麵糰中做成豐富多變的吐司，天天吃都不會膩！

➤ 材料

【隔夜種】（前一天打好放冷藏）
水 ·························· 400g
乾酵母 ····················· 2g
高筋麵粉 ·················· 700g
（作法見 P107）

【雜糧液種】（前一天打好放冷藏）
雜糧粉 ··················· 200g
水 ························ 200g
砂糖 ····················· 120g
（作法見 P137）

【蜂蜜種】（前一天打好放冷藏）
高筋麵粉 ·················· 250g
蜂蜜 ······················ 50g
鹽 ························· 2g
酵母 ······················ 2g
水 ························ 150g
（作法見 P131）

【主麵糰】
隔夜種 ···················· 全下
雜糧液種 ·················· 全下
蜂蜜種 ···················· 全下
湯種麵糰（作法見 P67）150g
鹽 ······················· 12g
高筋麵粉 ················· 100g
乾酵母 ····················· 8g
橄欖油 ···················· 50g

總重 ····················· 2396g
所有的麵糰會因為麵粉的吸水性不
一樣，水分需要做微調，微調重量
約 20～50g。打好的麵糰觸感最好
是軟軟 QQ，像麻糬。

【餡料】
核桃 ····················· 150g
八寶豆 ··················· 160g
白芝麻 ···················· 適量

➤ 製作準備

基礎麵糰製作

01 將所有材料秤好，備用。

02 將雜糧液種、蜂蜜種混勻後倒入鋼盆中。

03 接著，倒入鹽、油及隔夜種於鋼盆中以慢速攪拌。

小胖老師提醒
隔夜種須切小塊（約拳頭大小），慢慢放入攪拌機。

04 另外，將乾酵母事先倒入高筋麵粉中，拌勻。

05 接著，倒入酵母高筋麵粉。

06 倒入橄欖油，用慢速攪拌成糰後，直接開中速攪拌至完全擴展。

07 取出一部分麵糰，可以用雙手拉出薄膜時，表示「完全擴展」。

08 於鋼盆中倒入核桃，持續開中速攪拌1分鐘即可。

09 麵糰取出放在鐵盤上，並稍微向內收圓，收口朝下，麵糰抹上少許油，蓋上塑膠袋。放入溫暖密閉的空間，發酵約50分鐘，至原本麵糰的兩倍大，即完成基本發酵。

分割與滾圓

10 取出發酵好的麵糰後進行分割，一個麵糰分割約230公克。

小胖老師提醒
麵糰各分割為230克，一條吐司為兩個麵糰共460克。

11 分割好的麵糰因為比較大顆，可以放在手上稍微整成圓形。進行中間發酵40分鐘。

整形與發酵

12 取出中間發酵的麵糰，利用**擀麵棍**將麵糰均勻**擀平**、**擀開**，麵皮在最下方稍用力壓，黏在工作桌上。

調味與烘焙

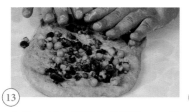

13 先均勻鋪上適當的八寶豆。一個麵糰包入八寶豆約60公克。

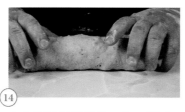

14 由上往下慢慢捲起，收口朝下。另一個麵糰也進行相同操作。

15 將兩條麵糰收口朝下，平行放入吐司膜。進行最後發酵至九分滿。

(16) 入爐前在表面噴上少許的水，再灑上白芝麻適量即可。

(17) 將烤箱預熱至指定溫度（上火150℃、下火235℃）烤焙時間約32分鐘，烤至20分鐘時，表面有上色的時候再調頭，將烤盤轉向再烤12分鐘即可，出爐時將烤盤稍輕敲，將熱氣排出，置放於架上放涼。

完成

雜糧液種備料作法

➡ 材料

雜糧粉 ·························· 200g
水 ···························· 200g
砂糖 ·························· 120g

➡ 作法

(01) 將砂糖、水、雜糧粉一同放入鋼盆中拌勻即可。

(02) 用刮刀攪拌均勻。

(03) 最後，用保鮮膜封住即可放入冷藏室至12個小時，最多48個小時。

變化款 花圈雜糧歐包

➡️ 製作準備

基礎麵糰製作

分割與滾圓

① 將雜糧八寶麵糰做好後，基本發酵 50 分鐘後取出。

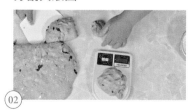

② 取出發酵好的麵糰後進行分割，一個麵糰分割約 200 公克。

③ 分割好的麵糰因為比較大顆，可以放在手上稍微整成圓形。進行中間發酵 40 分鐘。

整形與發酵

04 中間發酵完成後，利用擀麵棍壓將麵糰均勻攤開，麵皮在最下方稍用力壓，黏在工作桌上。

05 由上而下將麵皮捲起，呈長條狀。

06 接著用手將兩邊麵糰搓長，約 30 公分。

07 進行發酵前，拿水稍微噴濕。

08 麵糰的每一面都要沾適當高筋麵粉。

09 利用小刀在麵糰上刻畫成條紋，不切斷。即可進入最後發酵 35 分鐘。

調味與烘焙

10 將麵糰放入烤盤中，擺成 C 字形。即可進入最後發酵 35 分鐘、入爐烘烤。

11 將烤箱預熱至指定溫度（上火 230℃、下火 180℃）烤焙時間約 15 分鐘，烤至 10 分鐘時，表面有上色的時候再調頭，將烤盤轉向再烤 5 分鐘即可，出爐時將烤盤稍輕敲，將熱氣排出，置放於架上放涼。

小胖老師提醒

在烤焙時，如果是使用蒸氣烤箱的話，噴蒸氣的時機是，麵包入爐後關上門直接噴 5 秒。

完成

獨家口味，特別醇香好吃
醇香桂圓吐司

我所做的桂圓吐司，大家會吃到特別的香氣，其實是在液種裡加入保力達，特殊的酒香和桂圓特別搭，這是我的獨家口味，這次不藏私的公開，希望大家都能試試看。

➤ 材料

【隔夜液種】（前一天打好放冷藏）	【主麵糰】	【餡料】
水 ················· 250g	隔夜液種 ················· 全下	核桃 ················· 100g
酵母 ················· 1g	高筋麵粉 ················· 700g	桂圓乾 ················· 250g
高筋麵粉 ················· 300g	紅糖 ················· 150g	
保力達 ················· 100g	鹽 ················· 13g	總重 ················· 1864g
（作法見 P143）	酵母 ················· 10g	
	常溫水 ················· 280g	
	無鹽奶油 ················· 60g	

所有的麵糰會因為麵粉的吸水性不一樣，水分需要做微調，微調重量約 20～50g。打好的麵糰觸感最好是軟軟 QQ，像麻糬。

➤ 製作準備

基礎麵糰製作

01 將所有材料秤好，備用。

02 首先，將常溫水倒入隔夜液種中，用刮板拌勻。

03 換成勾狀攪拌棒，將液種跟水倒入鋼盆。

04 放入紅糖、鹽巴於鋼盆，開慢速攪拌約 1 分鐘。

05 等待同時，將酵母粉倒入高筋麵粉中拌勻。

06 接著，直接將拌好的酵母高筋麵粉倒入鋼盆中，持續以慢速攪拌，約 1 分鐘。

07 攪拌至表面光滑，約七分筋，加入奶油。

08 攪拌至鋼盆邊的奶油無沾黏，再轉至中速打至麵糰完全擴展。取出一部分麵糰，可以用雙手拉出薄膜時，表示「完全擴展」。

09 加入桂圓及核桃，攪拌約 1 分鐘（均勻即可）。

分割與滾圓

10
麵糰取出放在鐵盤上,並稍微向內收圓,收口朝下,麵糰抹上少許油,蓋上塑膠袋。放入溫暖密閉的空間,發酵約 60 分鐘,至原本麵糰的兩倍大,即完成基本發酵。

小胖老師提醒
麵糰溫度要保持 25 度,使麵糰筋度完全擴展。

11
進行分割,一個麵糰分割約 250 公克。

小胖老師提醒
一個麵糰可以分割成 250 克的兩個小麵糰為一組,一條吐司是 500 克。

12
分割好的麵糰稍微拍平,將麵糰輕拍擠出空氣。麵皮翻面,麵皮在最下方稍用力壓,黏在工作桌上。

整形與發酵

13
由上往下捲,收口朝下。進入中間發酵 30 分鐘。

14
將麵糰輕拍擠出空氣,稍微拉長至 45 公分。

15
接著,由上往下向內捲起,呈橢圓形,收口朝下。

調味與烘焙

16
將捲好的麵糰,靠左右兩邊放入吐司模中。進行最後發酵約九分滿。

小胖老師提醒
表面噴少許水即可入爐。

17
將烤箱預熱至指定溫度(上火 150℃、下火 235℃)烤焙時間約 32 分鐘,烤至 20 分鐘時,表面有上色的時候再調頭,將烤盤轉向再烤 12 分鐘即可,出爐時將烤盤稍輕敲,將熱氣排出,置放於架上放涼。

完成

備料作法

隔夜液種

➤ 材料

水 ································· 250g
酵母 ······························· 1g
高筋麵粉 ······················ 300g
保力達 ························· 100g

➤ 作法

(01) 先將開水放室溫，回溫。將酵母倒入水中拌溶解。

(02) 先將高筋麵粉放入鋼盆中，再放入保力達，開慢速攪拌至鋼盆邊的麵粉無沾黏。將麵糰放入鋼盆內，用保鮮膜封口蓋好，放在室溫 1 小時在拿到冰箱冷藏即可至 12 小時，最多 15 個小時。

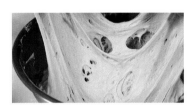

發酵好的液種，拉起麵糰時會呈現孔洞蜂窩狀。

桂圓乾（前一天泡好，放室溫）

桂圓乾（肉）可於傳統中藥行購買，買回家浸泡保力達，將乾燥的桂圓泡開始用。

➤ 材料

桂圓乾 ························· 400g
保力達 ························· 100g

➤ 作法

(01) 放置塑膠袋內，把空氣擠出。

(02) 放在常溫浸泡水或酒皆可，一個晚上就可以了。

  * 如果桂圓肉沒用完，可再放入冷藏保存。

變化款 **阿比桂圓歐包**

➤ 製作準備

基礎麵糰製作

① 將醇香桂圓麵糰做好後,基本發酵 60 分鐘後取出。

分割與滾圓

② 取出發酵好的麵糰後進行分割,一個麵糰分割約 300 公克。

③ 分割好的麵糰因為比較大顆,可以放在手上稍微整成圓形。進行中間發酵 40 分鐘。

整形與發酵

04

將整型的好麵糰，切下 1/5 備用。

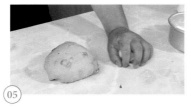

05

將切下來的麵糰，用手稍微滾圓，收口朝下。

06

將另一個麵糰，用手掌輕壓把空氣擠出來。

07

將剛剛小的麵糰放在大麵糰的正上方，收口朝下放。

08

直接把麵皮把小麵糰包起來，朝向中央收緊。

09

在收口的地方稍微收緊，轉正面。

調味與烘焙

10

準備一盆高筋麵粉，將整個麵糰都沾麵粉。

11

利用小刀在麵糰上刻畫成井字型，不切斷。即可進入最後發酵 35 分鐘，入爐烘烤。

12

最後發酵完成後，可再撒些高筋麵粉，入爐烘烤。

13

將烤箱預熱至指定溫度（上火 230℃、下火 180℃）烤焙時間約 18 分鐘，烤至 10 分鐘時，表面有上色的時候再調頭，將烤盤轉向再烤 8 分鐘即可，出爐時將烤盤稍輕敲，將熱氣排出，置放於架上放涼。

小胖老師提醒

在烤培時，如果是使用蒸氣烤箱的話，噴蒸氣的時機是，麵包入爐後關上門直接噴 5 秒。

完成

茶香於口中蔓延，搭配荔枝更顯特別

茶香荔枝吐司

市面上少見的茶香荔枝，是以綠茶粉帶出顏色及淡淡茶香，搭配以荔枝酒浸泡的荔枝乾，讓麵包更顯貴氣。

材料

【主麵糰】
蜂蜜種 ······················· 全下
（作法見 P131）
高筋麵粉 ····················· 1000g
糖 ······························· 80g
鹽 ······························· 10g
酵母 ···························· 10g
常溫水 ························ 230g

冰塊 ··························· 400g
綠茶粉 ························· 10g
無鹽奶油 ······················ 50g

【餡料】
荔枝乾 ························ 200g
核桃 ··························· 100g
黑芝麻 ························· 10g

總重 ·························· 2244g
所有的麵糰會因為麵粉的吸水性不一樣，水分需要做微調，微調重量約 20～50g。打好的麵糰觸感最好是軟軟 QQ，像麻糬。

製作準備

基礎麵糰製作

01 將所有材料秤好，備用。

02 首先，換成勾狀攪拌棒，將高筋麵粉倒入鋼盆中。

03 倒入糖、鹽，開慢速攪拌。

04 將酵母粉倒入鋼盆中拌勻。

05 將抹茶粉倒入鋼盆中拌勻，慢速打 1 分鐘。

06 倒入冰塊跟水攪拌均勻。

07 將蜂蜜種放入鋼盆中。

小胖老師提醒
蜂蜜種須切小塊（約拳頭大小），慢慢放入攪拌機。

08 開中速攪拌至七分筋，加入奶油。

09 攪拌至鋼盆邊的奶油無沾黏，再轉至中速打至麵糰完全擴展。取出一部分麵糰，可以用雙手拉出薄膜時，表示「完全擴展」。

10 加入泡發好的荔枝乾及核桃、黑芝麻，攪拌約 1 分鐘，均勻即可。

11 取出麵糰後，放在鐵盤上稍微拌切，讓果乾均勻在麵糰中。

12 拌切好後，麵糰稍微向內收圓，收口朝下，麵糰抹上少許油，蓋上塑膠袋。放入溫暖密閉的空間，發酵約 50 分鐘，至原本麵糰的兩倍大，即完成基本發酵。

小胖老師提醒

麵糰溫度要保持 25 度，使麵糰筋度完全擴展。

分割與滾圓

13 取出發酵好的麵糰後進行分割，一個麵糰分割約 250 公克。

小胖老師提醒

一個麵糰可以分割成 250 克的兩個小麵糰為一組，一條吐司是 500 克。

14 分割好的麵糰稍微拍平，將麵糰輕拍擠出空氣。

15 麵皮翻面，麵皮在最下方稍用力壓，黏在工作桌上。

整形與發酵

16 由上往下捲，收口朝下。進入中間發酵 30 分鐘。

17 將麵糰輕拍擠出空氣，稍微拉長至 45 公分。

18 由上往下捲，收口朝下。

(19) 接著，由上往下向內捲起，呈橢圓形，收口朝下。

(20) 將捲好的麵糰，靠左右兩邊放入吐司模中。

(21) 放入吐司模，進行最後發酵約九分滿。

小胖老師提醒
表面噴少許水即可入爐。

(22) 將烤箱預熱至指定溫度（上火150℃、下火235℃）烤焙時間約30分鐘，烤至20分鐘時，表面有上色的時候再調頭，將烤盤轉向再烤10分鐘即可，出爐時將烤盤稍輕敲，將熱氣排出，置放於架上放涼。

完成

荔枝乾泡酒作法

➡ 材料

荔枝乾 ⋯⋯⋯⋯⋯⋯⋯⋯ 150g
荔枝酒 ⋯⋯⋯⋯⋯⋯⋯⋯ 50g

➡ 作法

(01) 將荔枝乾放入荔枝酒，可用塑膠袋浸泡，較均勻。

(02) 浸泡約10小時或一個晚上即可使用。

* 在常溫浸泡即可。

* 荔枝酒可挑自己喜歡的品牌。

變化款 抹茶荔枝歐包

➤ 製作準備

基礎麵糰製作	分割與滾圓	

⓵	⓶	⓷
將茶香荔枝麵糰做好後，基本發酵 50 分鐘後取出。	取出發酵好的麵糰後進行分割，一個麵糰分割約 200 公克。	分割好的麵糰因為比較大顆，可以放在手上稍微整成圓形。進行中間發酵 40 分鐘。

整形與發酵

(04) 將整型的好麵糰，切下 1/5 備用。

(05) 將切下來的麵糰，用手稍微滾圓，收口朝下。

(06) 將另一個麵糰，用手掌輕壓把空氣擠出來。

(07) 將剛剛小的麵糰放在大麵糰的正上方，手口朝下放。

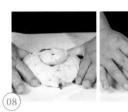

(08) 將兩隻手的虎口靠著兩邊的麵糰，朝向中央收緊。

(09) 在收口的地方稍微收緊，轉正面。

調味與烘焙

(10) 準備一盆高筋麵粉，將整好形麵糰的正面沾適量麵粉。

(11) 利用小刀在麵糰上刻畫幾刀，不切斷。即可進入最後發酵35分鐘。

(12) 最後發酵完成後，入爐烘烤。

(13) 將烤箱預熱至指定溫度（上火 230℃、下火 180℃）烤焙時間約 18 分鐘，烤至 12 分鐘時，表面有上色的時候再調頭，將烤盤轉向再烤 6 分鐘即可，出爐時將烤盤稍輕敲，將熱氣排出，置放於架上放涼。

小胖老師提醒

在烤培時，如果是使用蒸氣烤箱的話，噴蒸氣的時機是，麵包入爐後關上門直接噴 5 秒。

完成

難易度

鹹甜滋味，更顯配料豐富

番茄波士頓吐司

將常見的吐司夾料，例如：起司片等直接包入麵糰裡當成餡料，鹹甜滋味增加口感，讓大家讚嘆這款麵包太好吃了！

材料

【番茄液種】（前一天打好放冷藏）

水 ························· 200g

高筋麵粉 ················· 500g

乾酵母 ······················ 1g

番茄汁 ·················· 350g

（作法見 P155）

【主麵糰】

番茄液種 ················· 全下

高筋麵粉 ················· 500g

糖 ······················· 100g

鹽 ························· 15g

酵母 ······················ 10g

水 ······················· 100g

奶油 ······················ 70g

羅勒葉（九層塔） ········· 70g

總重 ·················· 1916g

所有的麵糰會因為麵粉的吸水性不一樣，水分需要做微調，微調重量約 20～50g。打好的麵糰觸感最好是軟軟 QQ，像麻糬。

製作準備

基礎麵糰製作

① 將所有材料秤好，備用。

② 首先，倒入高筋麵粉於鋼盆中。

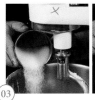

③ 接著，倒入鹽、糖及酵母粉，開慢速攪拌 10 秒鐘。

④ 倒入水拌勻。

⑤ 將加入番茄液種，放入鋼盆攪拌。

小胖老師提醒

番茄液種需分次加入攪拌鋼，避免材料噴出來。

⑥ 待麵糰拌勻後，加入一半羅勒葉拌碎。開中速攪拌 4 分鐘。

小胖老師提醒

1. 羅勒只使用葉子的部分。

2. 羅勒不會影響麵糰發酵，可以選擇先放或是攪拌快好的時候放。

(07) 當所有的材料混勻、冰塊溶解、水分吸收後，開中速讓麵糰表面光滑、出筋後再下奶油。

(08) 攪拌至鋼盆邊的奶油無沾黏，放入另一半羅勒葉，中速攪拌至完全擴展。

小胖老師提醒
留一半羅勒葉放到最後攪拌，可保持葉片完整，讓吐司更好看。

(09) 取出一部分麵糰，試著像拉麵的樣子，輕鬆拉出兩端，表示「完全擴展」。

分割與滾圓

(10) 取出麵糰後，放在鐵盤上噴些許油。

小胖老師提醒
麵糰溫度要保持 25 度，使麵糰筋度完全擴展。

(11) 麵糰稍微向內收圓，收口朝下，麵糰抹上少許油，蓋上塑膠袋。放入溫暖密閉的空間，發酵約 50 分鐘，至原本麵糰的兩倍大，即完成基本發酵。

(12) 取出發酵好的麵糰後進行分割，一個麵糰分割約 250 公克。

小胖老師提醒
一個麵糰可以分割成 250 克的兩個小麵糰為一組，一條吐司是 500 克。

整形與發酵

(13) 分割好的麵糰稍微拍平，將麵糰輕拍擠出空氣。麵皮翻面，麵皮在最下方稍用力壓，黏在工作桌上。

(14) 由上往下捲，收口朝下。進入中間發酵 30 分鐘。

(15) 將麵糰輕拍擠出空氣，稍微拉長至 45 公分。

(16) 將起司片切半，依序放在麵糰上。

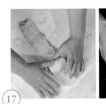

(17) 接著，由上往下向內捲起，呈橢圓形，收口朝下。

(18) 將捲好的麵糰，靠左右兩邊放入吐司模，進行最後發酵約九分滿。

小胖老師提醒

表面噴少許水即可入爐。

(20) 將烤箱預熱至指定溫度（上火 150℃、下火 235℃）烤焙時間約 30 分鐘，烤至 20 分鐘時，表面有上色的時候再調頭，將烤盤轉向再烤 10 分鐘即可，出爐時將烤盤稍輕敲，將熱氣排出，置放於架上放涼。

完成

番茄液種備料作法（需要前一天做起來）

➡ 材料

水 ⋯⋯⋯⋯⋯⋯⋯⋯ 200g

高筋麵粉 ⋯⋯⋯⋯⋯ 500g

乾酵母 ⋯⋯⋯⋯⋯⋯ 1g

番茄汁 ⋯⋯⋯⋯⋯⋯ 350g

（番茄汁可到超商買原味的使用，不限品牌）

➡ 作法

(01) 水跟酵母先溶解備用。

(02) 先到入高筋麵粉後，倒入番茄汁，用**擀**麵棍快速拌勻。

(03) 麵糰放在比麵糰大一倍的鋼盆裡面，上面用保鮮膜封好。

(04) 放置室溫 2 小時後，再放入冷藏室即可，共約 12 至 15 小時，隔天備用。

變化款 番茄波士頓

➤➤➤ 材料

【餡料】

起司片	5 片	番茄片	1 片
番茄乾	100g	起司絲	少許
火腿片	5 片		
黑胡椒	少許		

* 依照波士頓吐司作法至中間發酵後。

製作準備

整形與發酵

01 將麵糰輕拍擠出空氣，用**擀**麵棍從中間往下至下將麵糰**擀**平、均勻。

02 將起司片、火腿片切半，均勻放在麵糰上。

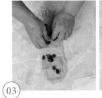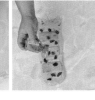

03 在麵糰上舖番茄乾，再撒上黑胡椒粒。

整形與發酵

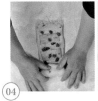

04 接著，由上往下向內捲起，呈橢圓形麵糰，寬度約 13 公分，收口朝下。

05 將捲好的麵糰，平均切成三等份。

調味與烘焙

06 將麵糰館料朝上，放入 6 吋烤模內，最後發酵 40 分鐘。當麵糰發酵至圓模約七分滿。

小胖老師提醒
6 吋烤模如果會沾黏，建議先放入烤培紙、或抹些油防止沾黏。

---

07 在烤培之前將披薩絲放上去，再將切片好的番茄片放在麵包中間，番茄的中間可以拿一支牙籤插著固定，防止番茄在烤培的時候滑落。

08 將烤箱預熱至指定溫度（上火 180℃、下火 190℃）烤焙時間約 25 分鐘，烤至 15 分鐘時，表面有上色的時候再調頭，將烤盤轉向再烤 10 分鐘即可，出爐時將烤盤稍輕敲，將熱氣排出，置放於架上放涼，最後撒上香蔥粉裝飾即可。

小胖老師提醒
出爐後，食用前，一定要把牙籤拔掉。

完成

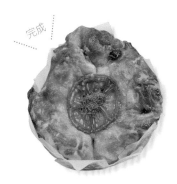

變化款 番茄起司披薩

➡ 材料

【餡料】

帕瑪森起司粉	適量	美乃滋	適量
黑橄欖	20g	香蔥粉末	適量
甜椒絲	100g	起司絲	少許
洋蔥絲	50g		

➤ 製作準備

基礎麵糰製作

01
將番茄波士頓麵糰做好後，基本發酵 50 分鐘後取出。

整形與發酵

02
取出發酵好的麵糰後進行分割，一個麵糰分割約 150 公克。

03
分割好的麵糰因為比較大顆，放在手上整成圓形，進行中間發酵 40 分鐘。

整形與發酵

04
將發酵的好麵糰，用手掌輕壓平，把空氣擠壓出去。

05
準備一盆帕瑪森起司粉，麵糰表面沾取起司粉，進行最後發酵 30 分鐘。

調味與烘焙

06
取出發酵好的麵糰，均勻塞入黑橄欖。

07
準備切好的甜椒絲及洋蔥絲，均勻鋪在麵糰上。

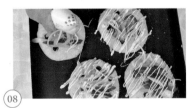

08
抹上美乃滋醬，撒上適量起司絲，即可入爐。

08
將烤箱預熱至指定溫度（上火 230℃、下火 190℃）烤焙時間約 12 分鐘，烤至 8 分鐘時，表面有上色的時候再調頭，將烤盤轉向再烤 4 分鐘即可，出爐時將烤盤稍輕敲，將熱氣排出，置放於架上放涼，最後撒上香蔥粉裝飾即可。

完成

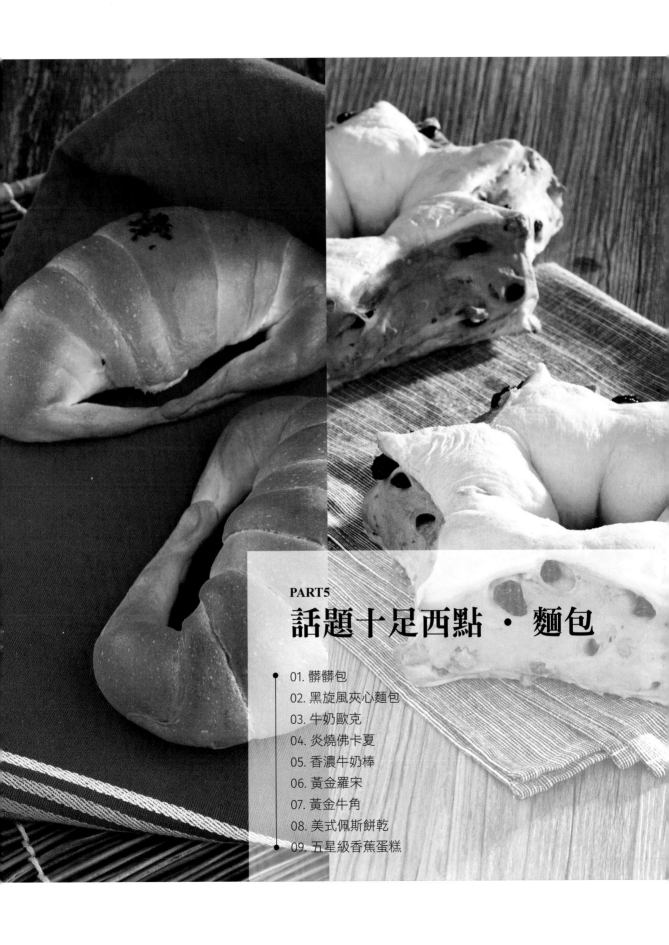

PART5
話題十足西點 · 麵包

- 01. 髒髒包
- 02. 黑旋風夾心麵包
- 03. 牛奶歐克
- 04. 炙燒佛卡夏
- 05. 香濃牛奶棒
- 06. 黃金羅宋
- 07. 黃金牛角
- 08. 美式佩斯餅乾
- 09. 五星級香蕉蛋糕

用臉吃,大口張嘴才正宗!

髒髒包

還記得前陣子在韓國發跡,從大陸紅到台灣,不論明星名人都不顧形象大口吃。吃髒髒包的秘訣不是從旁邊咬,要從中間開始吃「用臉吃」就對啦!

材料

巧克力液種 ……………… 全下
（作法見 P119）

【主麵糰】
高筋麵粉 ……………… 700g
糖 ………………………… 80g
鹽 ………………………… 12g
乾酵母 …………………… 10g
水 ……………………… 300g
湯種麵糰（作法見 P67）150g
無鹽奶油 ………………… 50g

【內餡配方】
奶油乳酪 ……………… 300g
糖粉 ……………………… 80g
水滴巧克力 …………… 適量
可可粉 ………………… 適量

總重 …………………… 2044g

製作準備

基礎麵糰製作

01　將所有材料秤好，備用。

分割與滾圓

02　首先，將水倒入巧克力液種中，用刮板拌勻。

03　先換成勾狀攪拌棒，將液種水倒入鋼盆。

整形與發酵

04　放入糖、鹽巴。

05　加入湯種麵糰（分割至拳頭大小），開慢速攪拌約 20 秒。

06　等待同時，將酵母粉倒入高筋麵粉中拌勻。

07　接著，直接將拌好的酵母高筋麵粉倒入鋼盆中，持續以慢速攪拌。

08　攪拌至鋼盆四周沒有沾黏麵粉，加入奶油。

09　打勻至麵糰可拉出薄膜即可。

分割與滾圓

⑩ 麵糰滾圓，收口朝下，抹上少許油，蓋上塑膠袋進行基本發酵50分鐘。

小胖老師提醒
麵糰溫度要保持25度，使麵糰筋度完全擴展。

⑪ 進行分割，一個麵糰分割約150公克。

⑫ 分割好之後，將麵糰搓呈長條狀放在烤盤，噴上少許油，蓋上一層塑膠袋，進行中間發酵約30分鐘。

整形與發酵

⑬ 中間發酵後取出麵糰，將麵糰輕拍擠出空氣，稍微拉長約30公分。

⑭ 在麵糰中央擠入長條70克奶油乳酪餡。

小胖老師提醒
內餡作法，將奶油乳酪與糖粉拌均勻，裝入擠花袋備用。

⑮ 接著，撒上適量水滴巧克力豆20公克。

⑯ 將麵糰兩邊固定，接縫處捏緊。

⑰ 沾點手粉，將麵糰從中心點往外搓細長至33公分。

小胖老師提醒
外面一定要沾些微手粉，不要黏黏的，否則不好整形。

⑱ 將麵條一端握在手裡，另一手拉住另一端呈U型。

(19) 將麵條繞住食指及中指，長的一端向外。

(20) 將長的一端向內彎，穿出麵條中心圈，打一個結。

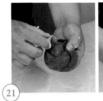

(21) 將兩端麵條接緊，翻面即可，進入最後發酵 40 分鐘。

調味與烘焙

(22) 最後發酵好之後，將烤箱預熱至指定溫度（上火 220℃、下火 180℃）烤焙時間約 17 分鐘，烤至 10 分鐘時，將烤盤轉向再烤 7 分鐘即可，出爐時將烤盤稍輕敲，將熱氣排出，置放於架上放涼。

(23) 等麵包完全冷卻後，再沾上巧克力醬後，直接把麵包拿到冷藏處冷卻。

小胖老師提醒
我使用「正香軒」苦甜巧克力，先敲碎，再放入鋼盆隔水加熱。

(24) 冷卻後拿出來直接灑上可可粉即可。

完成

精品級麵包，在家輕鬆做！

黑旋風夾心麵包

如同精品級的巧克力麵包在家也能做出來。苦甜巧克力搭配香濃奶油內餡，在裝飾孩子們愛吃的巧克力餅乾，或是依各人喜好換上其他水果也很適合。

⟫ 材料

巧克力液種 ················ 全下
（作法見 P119）

【主麵糰】

巧克力液種 ················ 全下
高筋麵粉 ··················· 700g
糖 ····························· 80g
鹽 ····························· 12g
乾酵母 ····················· 10g
水 ···························· 300g
湯種麵糰（作法見 P67）150g
無鹽奶油 ·················· 50g

【內餡】

奶油 ························· 300g
糖粉 ··························· 80g
香草醬 ······················ 10g
（作法見 P168）

總重 ······················ 2044g

⟫ 製作準備

基礎麵糰製作

(01) 將所有材料秤好，備用。

分割與滾圓

(02) 首先，將水倒入巧克力液種中，用刮板拌勻。

(03) 先換成勾狀攪拌棒，將液種水倒入鋼盆。

整形與發酵

(04) 放入糖、鹽巴。

(05) 加入湯種麵糰，開慢速攪拌約 20 秒。

(06) 等待同時，將酵母粉倒入高筋麵粉中拌勻。

(07) 接著，直接將拌好的酵母高筋麵粉倒入鋼盆中，持續以慢速攪拌。

(08) 攪拌至鋼盆四周沒有沾黏麵粉，加入奶油。

(09) 打勻至麵糰可拉出薄膜即可。

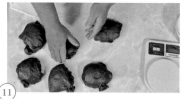

分割與滾圓

整形與發酵

⑩ 麵糰滾圓，收口朝下，抹上少許油，蓋上塑膠袋進行基本發酵 50 分鐘。

小胖老師提醒

麵糰溫度要保持 25 度，使麵糰筋度完全擴展。

⑪ 進行分割，一個麵糰分割約 100 公克。

⑫ 中間發酵後取出麵糰，將擀麵棍至於麵糰中央，由上往下均勻擀平、擀開。

⑬ 將麵糰麵皮在最下方稍用力壓，黏在工作桌上，底部要比上方稍寬一點。

⑭ 麵皮由上往下慢慢捲起，收口朝下。

⑮ 沾點手粉，將麵糰從中心點往外搓細長至 20 公分、寬 3 公分。

⑯ 將麵包整形好後，收口朝下。

⑰ 噴水在麵糰上。

⑱ 於麵糰表面沾黏可可碎片，進行最後發酵時間 40 分鐘。

調味與烘焙

(19)

最後發酵完畢後取出，噴少許水再進入烤箱烘烤。

小胖老師提醒

噴水可避免把表面的巧克力粉烤乾。（我使用奧利奧餅乾碎，烘培坊才有賣）

(20)

將烤箱預熱至指定溫度（上火220℃、下火180℃）烤焙時間約15分鐘，烤至8分鐘時，將烤盤轉向再烤7分鐘即可，出爐時將烤盤稍輕敲，將熱氣排出，置放於架上放涼。

(21)

等麵包完全冷卻後，再將麵包切開擠上奶油霜內餡。

(22)

再插入奧利奧餅乾，灑上糖粉即可。

完成

奶油內餡的作法

➤ 材料

無鹽奶油（軟化）⋯⋯ 200g
糖粉 ⋯⋯⋯⋯⋯⋯⋯⋯⋯ 50g
香草醬 ⋯⋯⋯⋯⋯⋯⋯⋯ 3g

➤ 作法

(01) 將奶油、糖粉及香草醬加入鋼盆中。
(02) 以球型攪拌棒，用高速攪拌約5分鐘打發。
(03) 將內餡擠入三角袋備用。

(01)　　　　(02)　　　　(03)

兩種麵皮吃出不同口感,軟脆適中
牛奶歐克

歐克麵包的特色是核桃和葡萄乾量很多,外面動輒 5、60 元,其實在家也能做出來。

▶ 材料

【歐克皮】

高筋麵粉 ·················· 500g
泡打粉 ························ 5g
鹽 ···························· 5g
無鹽奶油 ················· 250g
水 ························· 250g
（作法見 P173）

【主麵糰】

隔夜種 ···················· 全下
（作法見 P173）
高筋麵粉 ················· 300g
糖 ·························· 100g
鹽 ·························· 12g
酵母 ························· 8g
水 ·························· 230g
無鹽奶油 ··················· 80g

【配料】

葡萄乾 ···················· 300g
核桃 ······················ 300g

▶ 製作準備

基礎麵糰製作

01 先將隔夜種切成拳頭大小放入。

02 接著，倒入糖、鹽、水拌勻，開慢速攪打約 1 分鐘。

03 等待同時，另一邊將酵母倒入高粉中，混合均勻。

04 直接將混入高粉酵母，倒入鋼盆中開慢速攪拌 1 分鐘。

05 接著，開中速攪拌 4 分鐘約七分筋，打至表面光滑。

06 加入奶油，開慢速攪打至鋼盆邊無沾黏。

07

開中速打至麵糰筋度完全擴展，倒出備用。

小胖老師提醒

攪拌麵糰控制在溫度 26 度，使麵糰筋度完全擴展才倒入其他材料。

08

於空的鋼盆中倒入葡萄乾及核桃，以慢速攪拌均勻。

整形與發酵

09

將麵糰倒出，用刮刀對半切混和均勻。

小胖老師提醒

1 使用直立式攪拌機無法把果乾和麵糰混和均勻，因此，建議將麵糰拿出來再拌切。如果一直用攪拌機，果乾容易破爛。
2 葡萄乾是屬於酸性的食材，如果破掉讓汁液跑出來，會破壞酵母的效果。簡單來說，就是發酵不起來。
3.要判斷是否均勻，刮刀切下每一面都均勻有果乾和核桃即可。
4.果沒有拌均勻，餡料多的地方就會比較重，烤得時候就會膨得不均勻。

分割與滾圓

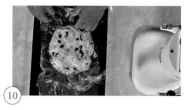

10

拌好後，就可蓋上塑膠袋進行基本發酵 70 分鐘。

11

進行分割，一個麵糰分割約 200 公克。

12

將分割好的麵糰滾圓，收口處稍微捏一下作記號。進行中間發酵 50 分鐘。

整形與發酵

⑬ 接著，將歐克皮分割約一個 80 公克，並整成圓形，放入冷藏冰 30 分鐘。

⑭ 在歐克皮撒上些手粉，用桿麵棍**擀**成扁平狀，桿成直徑 20 公分。

⑮ 將麵糰放在歐克皮上，麵糰底部朝上。

⑯ 接著，歐克皮將整個麵糰包起來即可。

⑰ 拿刮板（約 8 公分），將歐克麵糰（約 13 公分）的中心切成米字形。

⑱ 切好之後，將切口外翻，成發射狀。最後發酵時間約 35 分鐘。

調味與烘焙

⑲ 將烤箱預熱至指定溫度（上火 190℃、下火 170℃）烤焙時間約 28 分鐘烤至 18 分鐘時，將烤盤轉向再烤 10 分鐘即可，出爐時將烤盤稍輕敲，將熱氣排出，置放於架上放涼。

小胖老師提醒————

表皮盡量呈現白色，所以用中低溫烘焙即可。

完成

歐克皮備料作法

➤ 材料

高筋麵粉 ·················· 500g
泡打粉 ························ 5g
鹽 ····························· 5g
無鹽奶油 ·················· 250g
水 ···························· 250g

➤ 作法

① 將高筋麵粉、泡打粉、鹽、奶油及水一起倒入鋼盆中。

② 使用槳狀攪拌,用中速攪拌約 3 分鐘成糰,即可表面有一些光滑就好。

③ 攪拌好後從剛盆裡取出,放在室溫鬆弛約 20 分鐘後,再進行分割滾圓。滾圓後,蓋上一層塑膠袋再拿去冷藏冰約 30 分鐘。

* 若是有多的歐克皮沒有用完,可以放在冷凍保存約 7 天,要用的時候再拿出來退冰就可以整形了。

隔夜種作法

➤ 材料

乾酵母 ························ 2g
牛奶 ······················· 500g
高筋麵粉 ·················· 700g

➤ 作法

① 將酵母倒牛奶(室溫退冰至 20℃以上)拌勻溶解。

② 先將高筋麵粉放入鋼盆中拌勻,用槳狀開中速 2 分鐘。

③ 將塑膠袋噴油,放入麵糰壓扁 5 公分厚,置放在室溫 20 分鐘,再放於冷藏室(冷藏時間約 12 小時,最久不可超過 15 小時)。

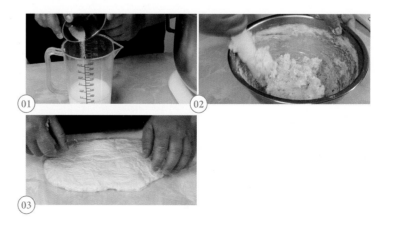

田園的迷人香氣，在口中越嚼越香
炎燒佛卡夏

坊間佛卡夏的麵皮是半硬半軟式，但有些老人小孩不適合吃。我改良成軟式的麵皮，其中油水混和的技巧，是麵皮成功的關鍵，一定要學會。

➤➤ 材料

【主麵糰】
佛卡夏隔夜種 …………… 881g
（作法見 P179）
高筋麵粉 ………………… 500g
糖 …………………………… 30g
鹽 …………………………… 17g
酵母 ……………………… 10g
水 ………………………… 100g
冰塊 ……………………… 150g
橄欖油 …………………… 150g
黑橄欖 …………………… 100g

【餡料】
高熔點起司丁 …………… 適量
火腿片 …………………… 2 片
玉米粒 …………………… 320g
黑胡椒粒 ………………… 適量
鳳梨片 ………… 一片約 1 公分
（切成小塊包入 5 片）
帕瑪森起司粉 …………… 適量

總重 ……………………… 1988g
所有的麵糰會因為麵粉的吸水性不
一樣，水分需要做微調，微調重量
約 20 ～ 50g。打好的麵糰觸感最好
是軟軟 QQ，像麻糬。

➤➤ 製作準備

基礎麵糰製作

01 將所有材料秤好，備用。

02 首先，倒入高筋麵粉於鋼盆中。

分割與滾圓

03 接著，倒入鹽、糖及酵母粉，開
慢速攪拌 10 秒鐘。

整形與發酵

04 先將橄欖油倒入冰塊水中，幫助麵
糰吸收。

小胖老師提醒
液態油脂比較難直接讓麵糰吸收，所
以先將油倒入水中，再一起倒進麵糰
裡，就好全部吸收。

05 將油水直接倒入鋼盆中。

06 加入佛卡夏隔夜種，放入鋼盆攪
拌，直接用中速攪拌均勻。

小胖老師提醒
隔夜種須切小塊（約拳頭大小），慢
慢放入攪拌機。

07 打到麵糰完全擴展。

小胖老師提醒───────────

麵糰溫度要保持 25 度，使麵糰筋度完全擴展。

08 選購無籽的黑橄欖並將水分瀝乾，加入鋼盆中拌勻即可。

09 拌好後，就可放入蓋上塑膠袋進行基本發酵 50 分鐘。

分割與滾圓

10 取出發酵好的麵糰後進行分割，一個麵糰分割約 150 公克。

11 將分割好的麵糰滾圓，呈現表面光滑的樣子，再蓋上塑膠袋進入中間發酵 40 分鐘。

整形與發酵

12 將麵糰取出後，稍微壓扁，放入高熔點起司丁、火腿片及洋蔥絲。

(13) 鋪上瀝乾的玉米粒、鳳梨片及少許黑胡椒粒。

(14) 接著,拉起麵皮左右兩端,往中心摺進去。

(15) 再拉起麵皮上下兩端,往中心摺進去,收口稍捏緊,呈一個正方形。

整形與發酵

(16) 將整個麵糰表面沾帕馬森起司粉。等待最後一次發酵約 30 分鐘。

(17) 將烤箱預熱至指定溫度(上火 220℃、下火 190℃)烤焙時間約 20 分鐘烤至 15 分鐘時,將烤盤轉向再烤 5 分鐘即可,出爐時將烤盤稍輕敲,將熱氣排出,置放於架上放涼。

完成

佛卡夏隔夜種備料作法(需要前一天做起來)

材料

高筋麵粉	500g
糖	50g
鹽	2g
奧利岡葉	2g
乾酵母	2g
水	325g
總重	881g

作法

(01) 酵母先跟常溫水拌均 溶解,備用。

(02) 將酵母水與其他材料倒入鋼盆中,用槳狀攪拌棒開中速約 2 分鐘攪拌成糰至五分筋,麵糰沒有硬塊即可。

(03) 接著,塑膠袋噴點油,將麵糰放入塑膠袋內,在室溫放 20 分鐘再直接放入冷藏即可。冰 12 至 15 小時,取出才不會黏手。

外酥內軟的口感，一吃就愛上
香濃牛奶棒

閃閃發光的牛奶麵包，外皮酥脆、麵糰柔軟綿密，常有學員跟我說這個麵包的難度較高，其實只要注意幾個小技巧，你就能做出如市售般的完美口感。

材料

牛奶種 ·············· 900g	糖 ·············· 120g	總重 ·············· 1690g
（作法見 P183）	鹽 ·············· 10g	
高筋麵粉 ·············· 500g	全蛋 ·············· 1 個	
乾酵母 ·············· 8g	奶油 ·············· 100g	
冰牛奶 ·············· 150g		

製作準備

基礎麵糰製作

01 將所有材料秤好，備用。

分割與滾圓

02 先將糖粉、鹽、全蛋倒入鋼盆中，開慢速攪拌均勻。（全程使用槳狀攪拌棒）

03 將牛奶種分割成小塊（約拳頭大小），逐一放入。

04 倒入牛奶，用慢速持續攪打約 2 分鐘。

05 另一邊，將酵母加入麵粉中拌勻。

小胖老師提醒

鋼盆周圍有黏鍋，可用刮板刮進麵糰裡。

06 用慢速攪打至麵糰成糰，打到表面光滑讓麵糰完全吸收，再用中速打至麵糰完全擴展。

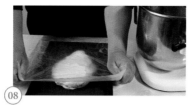

07 打到完全開展,可以拉出薄膜,為「完全擴展」階段的麵糰。

小胖老師提醒────

麵糰溫度要保持 25 度,使麵糰筋度完全擴展。

08 麵糰滾圓,收口朝下,抹上少許油,蓋上塑膠袋進行基本發酵 30 分鐘。

09 進行分割,一個麵糰分割約 150 公克。

整形與發酵

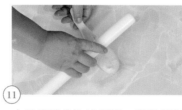

10 分割好之後,將麵糰搓成水滴狀放在烤盤,噴上少許油,蓋上一層塑膠袋,直接拿到冷藏,進行中間發酵約 60 分鐘。

11 中間發酵後取出麵糰,將擀麵棍至於麵糰中央,先朝上擀平,一手捏住底部,邊擀邊拉麵糰。

12 將麵糰拉長至 40 公分,麵糰捲越多層,口感會有層次。

13 由上往下慢慢捲。

14 捲到最後,底部朝下,用手將麵糰兩端稍微搓尖。

15 中間發酵後取出麵糰,搓成牛角形狀。(見 P186)排列於烤盤上,進行最後發酵 30 分鐘。

調味與烘焙

(16) 最後發酵好之後，塗上薄薄一層奶水。

(17) 入爐前，拿小刀在麵糰上畫斜紋三刀，三刀的刀痕盡量一致，這樣烤出來會比較漂亮。

(18) 將烤箱預熱至指定溫度（上火 200℃、下火 170℃）烤焙時間約 18 分鐘烤至 12 分鐘時，將烤盤轉向再烤 6 分鐘即可，出爐時將烤盤稍輕敲，將熱氣排出，置放於架上放涼。

(19) 麵包出爐後，乘熱可在麵包表面刷上一層薄薄的無水奶油或奶水，可使麵包變得較光亮、增加香氣。

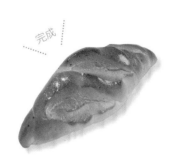

完成

牛奶種的作法

➡ 材料

高筋麵粉 ………………… 500g
牛奶 ……………………… 400g
酵母 ……………………… 2g

➡ 作法

(01) 牛奶先退冰至常溫 20℃後，與酵母一起溶解後。

(02) 再加入高筋麵粉，用槳狀攪拌棒開中速約 2 分鐘，攪拌成糰即可。

(03) 將塑膠袋抹少許油，防止麵糰沾黏，將麵糰放入塑膠袋內，放置室溫 30 分鐘後，直接放入冷藏即可。

(04) 牛奶種冷藏 12 小時即可使用，盡量不要超過 15 個小時。

* 封口往下折就好不要綁起來，放入冷藏也不要有東西壓住！

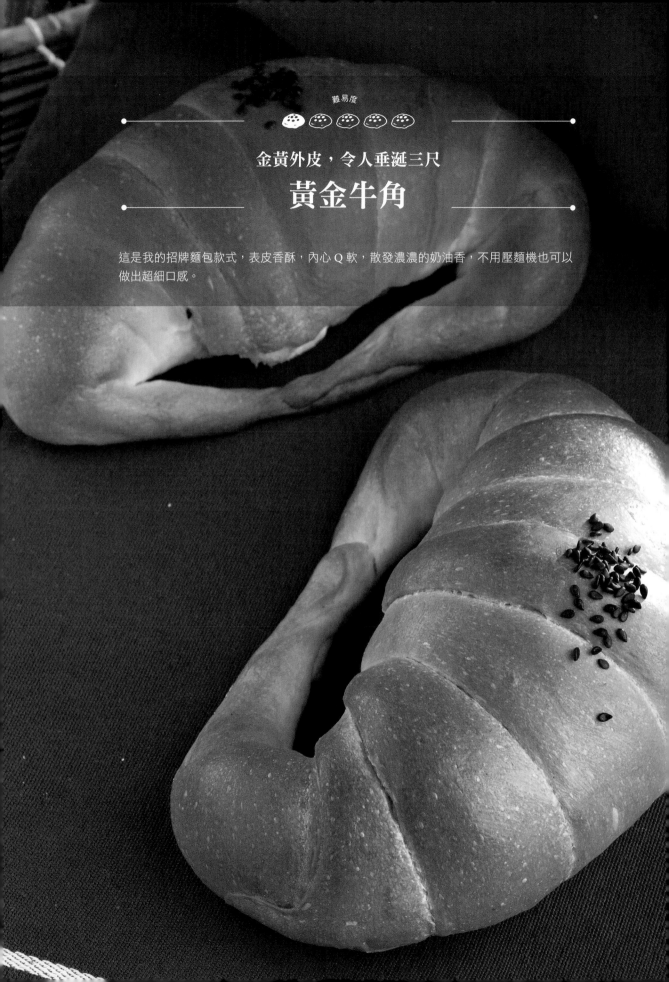

難易度

金黃外皮，令人垂涎三尺
黃金牛角

這是我的招牌麵包款式，表皮香酥，內心 Q 軟，散發濃濃的奶油香，不用壓麵機也可以做出超細口感。

材料

隔夜中種 ·············· 960g	高筋麵粉 ·············· 400g	總重 ·············· 1693g
（作法見 P187）	無水奶油 ·············· 200g	
冰塊 ·············· 150g	黑芝麻 ·············· 適量	
奶粉 ·············· 30g		

製作準備

基礎麵糰製作

01 將所有材料秤好，備用。

02 換成槳狀攪拌棒，先放入冰塊。

03 放入奶粉。開慢速攪拌。

04 將隔夜中種分割成小塊約權頭大小，逐一放入，以慢速攪拌。

05 攪拌至所有冰塊融化後倒入麵粉。

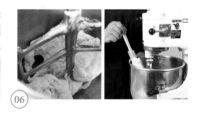

06 攪拌至鋼盆四周沒有沾黏麵粉，加入奶油開中速打勻至麵糰表面光滑。

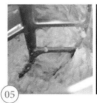

07 麵糰滾圓，收口朝下，抹上少許油，蓋上塑膠袋進行基本發酵30分鐘。

小胖老師提醒
麵糰溫度要保持 25 度，使麵糰筋度完全鬆弛。

分割與滾圓

08 進行分割，一個麵糰分割約 120 公克。

09 分割好之後，將麵糰搓成水滴狀放在烤盤，噴上少許油，蓋上一層塑膠袋，直接拿到冷藏，進行中間發酵約 60 分鐘。

⑩ 中間發酵後取出麵糰,將擀麵棍至於麵糰中央,先朝上擀平,一手捏住底部,邊擀邊拉麵糰。

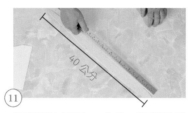

⑪ 將麵糰拉長至 40 公分,麵糰捲越多層,口感會有層次。

⑫ 在麵皮上方中間切 1 小刀約 4 公分,朝圖中箭頭方向,由上往下捲。

調味與烘焙

⑬ 捲到最後,底部朝下,用手將麵糰兩端搓尖。

⑭ 將兩端接合一起,稍微捏緊成牛角形狀。排列於烤盤上,進行最後發酵 50 分鐘。

⑮ 最後發酵好之後,於麵糰表面撒上少許黑芝麻。再將兩邊牛角接縫處黏緊一次。

⑯ 入爐前可在麵糰的周圍放上些許的無水奶油，這樣可讓牛角吃起來更酥脆。

⑰ 將烤箱預熱至指定溫度（上火210℃、下火160℃）烤焙時間約20分鐘烤至8分鐘時，將烤盤轉向再烤6分鐘即可（目測整個牛角考到金黃色，手捏感覺外殼是硬的），出爐時將烤盤稍輕敲，將熱氣排出，置放於架上放涼。

⑱ 出爐後，乘熱可在麵包表面刷上一層薄薄的無水奶油，可使麵包變得較光亮、增加香氣。

隔夜中種的作法

➤➤ 材料

高筋麵粉	500g
砂糖	150g
鹽	10g
全蛋	100g
鮮奶	200g
酵母	3g

➤➤ 作法

① 乾酵母先跟常溫的鮮奶約20度溶解後，再加入高筋麵粉、砂糖、鹽、全蛋，用槳狀攪拌。

② 開慢速約30秒，轉至中速1分鐘至所有材料均勻成糰後。

③ 塑膠袋內抹上薄薄的沙拉油或噴點烤盤油，在將中種麵糰放入塑膠袋內，將開口封好後，放置室溫30分鐘後直接放入冷藏即可。

④ 冷藏時間15個小時即可使用，不要超過18個小時。

* 封口往下折就好不要綁起來，放入冷藏也不要有東西壓住！

黃金羅宋

就是愛香濃奶香，好吃到停不了

羅宋麵包最有特色的地方，就是濃濃奶香以及扎實的口感，同樣外酥內軟，但羅宋麵包又多了麵粉的咬勁，非常受到大家歡迎。

▶ 材料

【主麵糰】

羅宋隔夜種 ………………… 全下	奶粉 ……………………… 20g		
（作法見 P191）	酵母 ………………………… 5g		
砂糖 ……………………… 40g	冰塊 ……………………… 50g		
鹽 …………………………… 6g	高筋麵粉 ………………… 150g		
全蛋 ……………………… 1 顆	奶油 ……………………… 75g		

【調味】

無水奶油 ………………… 300g

總重 ……………………… 938g

▶ 製作準備

基礎麵糰製作

01

將所有材料秤好，備用。

02

砂糖、奶粉、冰塊、鹽巴一起放入鋼盆中，以慢速攪拌。（全程用槳狀攪拌棒）。

03

將羅宋隔夜種分割成小塊，約拳頭大小，逐一放入。以慢速攪拌。

04

另一邊，將酵母加入麵粉中拌勻後，慢慢倒入鋼盆中攪打。

05

用慢速攪打至麵糰成糰，鋼盆周圍沒有黏麵粉，開中速打到表面光滑，即可加入奶油，開慢速拌攪。

小胖老師提醒————

鋼盆周圍有黏鍋，可用刮板刮進麵糰裡。

06

將奶油吸收完後完全開展，再開中速打至可以拉出薄膜，為「完全擴展」階段的麵糰。

小胖老師提醒————

麵糰溫度要保持 25 度，使麵糰筋度完全擴展。

分割與滾圓

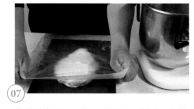

07

麵糰滾圓，收口朝下，抹上少許油，蓋上塑膠袋進行基本發酵 30 分鐘。

08

進行分割，一個麵糰分割約 200 公克。

09

分割好之後，將麵糰搓成水滴狀放在烤盤，噴上少許油，蓋上一層塑膠袋，直接拿到冷藏，進行中間發酵約 90 分鐘。

整形與發酵

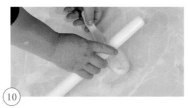

⑩ 中間發酵後取出麵糰,將擀麵棍至於麵糰中央,先朝上擀平,一手捏住底部,邊擀邊拉麵糰。

⑪ 將麵糰拉長至 40 公分,麵糰捲越多層,口感會有層次。

⑫ 由上往下慢慢捲。

整形與發酵

⑬ 捲到最後,底部朝下,用手將麵糰兩端稍微搓尖。

⑭ 中間發酵後取出麵糰,搓成牛角形狀。(見 PXX)排列於烤盤上,進行最後發酵 50 分鐘。

調味與烘焙

⑮ 最後發酵好之後,薄薄一層奶水。

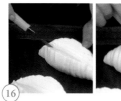

(16) 入爐前先用刀子第一刀從麵糰中間輕輕把表皮劃過，第 2 刀將麵糰割至 1/2 的深度。

(17) 在麵糰劃破的地方，放入 50g 無水奶油後，再進烤箱。

(18) 將烤箱預熱至指定溫度（上火 190℃、下火 170℃）烤焙時間約 23 分鐘烤至 10 分鐘時，微上色的時候可調頭，同時在刷上無水奶油。

(18) 接著繼續烤至 15 分鐘的時候再刷上一次無水奶油，最後烤至第 23 分鐘時出爐，再刷上無水奶油，出爐時將烤盤稍輕敲，置放於架上放涼。

完成

羅宋隔夜種的作法（需前一天先做好備用）

▶ 材料

高筋麵粉 ················· 250g
低筋麵粉 ················· 100g
動物鮮奶油 ·············· 175g
鮮奶 ···················· 120g
酵母 ······················· 2g

▶ 作法

(01) 鮮奶先退冰至常溫 20℃後，與酵母一起溶解後。

(02) 再加入低筋、高筋麵粉及動物鮮奶油，開中速約 2 分鐘，攪拌成糰即可。

(03) 將塑膠袋抹少許油，防止麵糰沾黏，將麵糰放入塑膠袋內，放置室溫 20 分鐘後，直接放入冷藏即可。

(04) 羅宋隔夜種冷藏 12 小時即可使用，盡量不要超過 15 個小時。

　　封口往下折就好不要綁起來，放入冷藏也不要有東西壓住！

麵包店常見的西式餅乾
美式佩斯餅乾

美式佩斯餅乾，是作法很簡單的西點糕類，拿出來宴客還很有面子，而且口味多變，可依個人喜好隨時變化。以下我會示範杏仁佩斯、杏仁葡萄口味，以及巧克力口味。

杏仁佩斯

➤ 材料

低筋麵粉	1650g	蘇打	25g
無鹽奶油	900g	杏仁粉	150g
糖粉	900g	全蛋	5 個

➤ 製作準備

基礎麵糰製作

01

先將與奶油糖粉放入鋼盆中,使用槳狀攪拌開慢速,讓糖粉跟油脂混和均勻。接著轉中速打 30 秒。

02

接著,倒入全蛋,一顆一顆慢慢下,保持中速攪拌。

03

稍微攪拌後,倒入低筋麵粉(過篩)、杏仁粉及蘇打粉(過篩),開慢速拌勻成糰即可。

小胖老師提醒
若擔心麵糰不夠均勻,可以開中速稍微攪打幾下。

分割與滾圓

05

進行分割,一個麵糰分割約 80 公克。

06

將分割好的麵糰滾圓,呈現表面光滑的樣子。

調味與烘烤

07

用拇指在餅乾麵糰的中心點壓出一個洞,大約一半的深度。

08

在餅乾表面刷上蛋黃,可以來回刷兩次,表面會比較光亮。

09

將烤箱預熱至指定溫度(上火 220℃、下火 170℃)烤焙時間約 23 分鐘烤至 15 分鐘時,將烤盤轉向再烤 8 分鐘即可,置放於架上放涼。

小胖老師提醒
表面可用手稍微捏捏看是否有變硬的狀態,如果有變硬的狀態表示已經烤熟了

完成

葡萄乾杏仁佩斯

➤ 材料

基礎餅乾麵糰 ············ 400g

【裝飾】
葡萄乾 ····················· 250g

➤ 製作準備

分割與滾圓

01 將基本餅乾麵糰做好後,加入葡萄乾。開慢速拌勻即可。

分割與滾圓

02 進行分割,一個麵糰分割約 80 公克。

03 將分割好的麵糰滾圓,呈現表面光滑的樣子。

調味與烘烤

04 用拇指在餅乾麵糰的中心點壓出一個洞,大約一半的深度。

05 在餅乾表面刷上蛋黃,可以來回刷兩次,表面會比較光亮。

06 將烤箱預熱至指定溫度(上火 220℃、下火 170℃)烤焙時間約 23 分鐘烤至 15 分鐘時,將烤盤轉向再烤 8 分鐘即可,置放於架上放涼。

小胖老師提醒

表面可用手稍微捏捏看是否有變硬的狀態,如果有變硬的狀態表示已經烤熟了

完成

巧克力佩斯

材料

基礎餅乾麵糰	400g
可可粉	18g

【裝飾】

玉米粉	適量

製作準備

分割與滾圓

01 將基本餅乾麵糰做好後,加入可可粉。開慢速拌勻即可。

分割與滾圓

02 進行分割,一個麵糰分割約 80 公克。

03 將分割好的麵糰滾圓,呈現表面光滑的樣子。

調味與烘烤

04 沾取玉米粉,防止沾黏烤盤。

05 用拇指在餅乾麵糰的中心點壓出一個洞,大約一半的深度。

06 將烤箱預熱至指定溫度(上火 220℃、下火 170℃)烤焙時間約 23 分鐘烤至 15 分鐘時,將烤盤轉向再烤 8 分鐘即可,置放於架上放涼。

小胖老師提醒

表面可用手稍微捏捏看是否有變硬的狀態,如果有變硬的狀態表示已經烤熟了

完成

難易度

綿密香醇，美味快速上桌
五星級香蕉蛋糕

香蕉蛋糕可謂是非常簡易，初學者也不會失敗的蛋糕款式。不需要經過發酵、製作時間短，
口感又好吃，絕對是非常容易上手的五星級蛋糕款式。

材料

高筋麵粉	300g	沙拉油	70g
香蕉	300g	牛奶	90g
糖	300g	蘇打粉	12g
全蛋	3 個		

製作準備

基礎麵糰製作

01
將所有材料秤好，備用。

02
倒入去皮的新鮮香蕉肉、砂糖一起打均勻，開快速以球狀攪拌約 30 秒。

03
接著，回到慢速，依序把蛋、牛奶、沙拉油倒入鋼盆中，轉至慢速攪打約 1 分鐘。

04
另一邊先將蘇打粉（過篩），倒入高筋麵粉中，備用。

入模與烘烤

05
接著，將攪拌器先關掉，倒入剛混合好的蘇打粉及高筋麵粉。

06
先開慢速，讓麵糊拌均勻。接著開快速打 1 分鐘到完全沒有麵粉顆粒、讓所有材料更均勻、更綿細。

小胖老師提醒————
打到看不到麵粉顆粒即可。

07
先將 6 吋固定式烤模四周抹油，倒入適量高筋麵粉，讓烤模四周沾粉，烘烤時才不會沾黏、較易脫模，倒入香蕉麵糊。

小胖老師提醒————
6 吋式烤模可倒入 600g 的香蕉麵糊，約 7 分滿。

08
將烤箱預熱至指定溫度（上火 170℃、下火 230℃）烤焙時間約 30~35 分鐘，出爐時將烤盤稍輕敲，將熱氣排出，置放於架上放涼。

完成

麵包烘焙 <u>Q&A</u>

讓小胖老師實境為你解答！

Q1. 聽說桌上型的攪拌機，不能打 1000g 的高筋麵粉？

這事實上是網路謠言，全書的麵包款式都是以家用桌上型攪拌機（八公升）（士邦牌）做出來，加上我通常以 1000g 麵粉加上液種、水、糖鹽等，加起來都超過 2000g 了。

桌上型攪拌機的扭力比較強，不是速度快，主要是扭力要夠強攪拌速度才會快。當扭力夠強，攪打高筋麵粉、水等材料時，當打到五分筋度時麵糰才會越來越Q，等打到出筋麵筋就會越來越軟，所以我建議攪麵糰一定要用扭力強的機器來打，如果你使用到的攪拌機扭力不夠大，當麵糰變Q攪拌就會變得卡卡的；而扭力大的攪拌機，則會持續第一直在攪拌，不會因為麵糰越打越Q，機器就變得有停頓的感覺。

可能變停頓的原因：

1. 麵糰可能太硬：一般來說，以做麵包 1000g 麵粉，大約對上總水量在 630 ～ 650g 左右，這是打麵包時很適中的軟硬度，但如果水分比例只有占 50% 左右，那麵糰就會太硬不好攪打。

2. 開高速攪拌：桌上型攪拌機的扭力很強，不太需要開到高速。如果你一開始就開高速攪拌 1000g 的麵糰，一定打不動，因為當麵糰又Q、又開高速攪拌，兩邊壓力擠壓之下，機器就一定打不動。

一般來說攪打麵糰時，不管是用哪一台攪拌機，我建議開中速的力道就很強，不需要開到高速，這只是造成機器的耗損跟摩擦，我們應該要學著了解機器才懂得使用。

選擇扭力大的機器較好使用。

Q2. 為什麼擀麵糰總是不均勻？

很多人會忽略擀麵糰的步驟，或是隨便用擀麵棍「嚕一嚕」、或是「頓、頓」的往下推，這樣麵糰看起來就凹凸不平，會影響膨脹力。

其實擀麵糰也有很多「眉角」；首先，擀麵棍要置於麵糰（上下左右）的正中央，雙手一起往下施力，再順勢往下滾，力道要一樣，這樣麵皮的厚薄度才會一致。接著，擀麵棍在置於中央位置，兩隻手的力道一樣往上推，麵皮才會平整。

擀麵棍要置於麵糰中央平均施力，麵皮會平整。

Q3. 抹餡的吐司的整形注意眉角？

　　常聽到同學會說抹餡吐司會爆餡、整形不好看啊⋯⋯等等。當你要製作抹餡吐司時，一定要抹薄薄一層就好，如果抹太多吐司中間會收縮，膨脹力就不好。整形時，只要輕輕地往內捲就好，不要擠壓，以免餡料會跑出來。

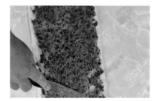

均勻塗上薄薄一層就好。

Q4. 製作山形吐司，為什麼中間總是會塌陷？

　　製作山形吐司最重要的地方，就是要切割麵包這一關。當麵糰整形捲成圓筒狀後，用刮刀在麵糰的左右兩側各切一刀，中間的寬度要留多一點（如圖）。特別注意，三段不能切一樣高，這是因為吐司模有兩個邊，在發酵的時候兩邊會擠壓，兩側麵糰會膨脹高一點，中間看起來就會陷下去，麵包感覺就不完美了。

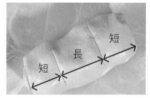
短　長　短

Q5. 為什麼在切麵包表面裝飾的時候，會容易消風？

　　在最後發酵的時候，在為麵包做最後整形時，往往會切割麵包表面。但常有人在這關會做錯讓麵包「消風」。

　　基本上，我們只要把麵包表皮劃破就好，且每一刀的深度都一致，這樣麵包的膨脹力才不會歪七扭八。然而，這個刀紋，並不是要讓麵包漂亮，而是要讓膨脹力分散，不然有些麵包在烤的時候，壓力過大就會從旁邊爆開。

把麵包表皮劃破就好，分散麵包的壓力。

Q6. 麵糰總是滾不圓，怎麼辦？

　　麵糰經過基本發酵後，一定要切割、滾圓，主要是讓空氣排出去，加強麵糰緊實度。一般來說，我設定 150g 以下的在桌上搓圓，150g 以上則在手上完成。

　　在桌上搓圓的「眉角」就是絕對不可以壓緊、手掌要保持空心，利用大拇指下方的那塊肉來搓就好，滾圓至表面光滑即可。比較大顆的麵糰，就用手輕輕抓圓就可以。

滾圓的時候，要保持手掌空心。

【實境圖解】小胖老師王勇程的家用烤箱手感麵包

作　　　　者／王勇程
美 術 編 輯／申朗創意
責 任 編 輯／陳以琳 Mina
企畫選書人／賈俊國

總　編　輯／賈俊國
副 總 編 輯／蘇士尹
編　　　輯／高懿萩
行 銷 企 畫／張莉滎・廖可筠・蕭羽猜

發　行　人／何飛鵬
法 律 顧 問／元禾法律事務所王子文律師
出　　　版／布克文化出版事業部
　　　　　　台北市中山區民生東路二段 141 號 8 樓
　　　　　　電話：(02)2500-7008　傳真：(02)2502-7676
　　　　　　Email：sbooker.service@cite.com.tw
發　　　行／英屬蓋曼群島商家庭傳媒股份有限公司城邦分公司
　　　　　　台北市中山區民生東路二段 141 號 2 樓
　　　　　　書虫客服服務專線：(02)2500-7718；2500-7719
　　　　　　24 小時傳真專線：(02)2500-1990；2500-1991
　　　　　　劃撥帳號：19863813；戶名：書虫股份有限公司
　　　　　　讀者服務信箱：service@readingclub.com.tw
香港發行所／城邦（香港）出版集團有限公司
　　　　　　香港灣仔駱克道 193 號東超商業中心 1 樓
　　　　　　電話：+852-2508-6231　　傳真：+852-2578-9337
　　　　　　Email：hkcite@biznetvigator.com
馬新發行所／城邦（馬新）出版集團 Cité (M) Sdn. Bhd.
　　　　　　41, Jalan Radin Anum, Bandar Baru Sri Petaling,
　　　　　　57000 Kuala Lumpur, Malaysia
　　　　　　電話：+603- 9057-8822　　傳真：+603- 9057-6622
　　　　　　Email：cite@cite.com.my
印　　　刷／韋懋實業有限公司
初　　　版／2019 年 01 月
售　　　價／550 元
Ｉ　Ｓ　Ｂ　Ｎ／978-957-9699-66-2

城邦讀書花園　布克文化
www.cite.com.tw　WWW.SBOOKER.COM.TW